氮添加

对农业系统的作用与影响探究

方　琨　黄　维　王道波　著

图书在版编目(CIP)数据

氮添加对农业系统的作用与影响探究 / 方琨， 黄维， 王道波著. -- 长春 : 东北师范大学出版社， 2019.6
ISBN 978-7-5681-5952-4

Ⅰ. ①氮… Ⅱ. ①方… ②黄… ③王… Ⅲ. ①氮—影响—农业系统—研究 Ⅳ. ①S-01

中国版本图书馆 CIP 数据核字 (2019) 第 128056 号

□责任编辑: 王雨萌　　□封面设计: 优盛文化
□责任校对: 王春彦　　□责任印制: 张允豪

东北师范大学出版社出版发行
长春市净月经济开发区金宝街 118 号(邮政编码: 130117)
销售热线: 0431-84568036
传真: 0431-84568036
网址: http://www.nenup.com
电子函件: sdcbs@mail.jl.cn
定州启航印刷有限公司印装
2019 年 6 月第 1 版　2019 年 6 月第 1 次印刷
幅画尺寸: 170mm×240mm　印张: 10　字数: 182 千

定价: 46.00 元

前　言

氮循环是自然界中的一个循环转化过程。正是由于地球上存在氮和其他生命必需元素的循环以及生命必需要素水和氧气，才使地球生命生生不息，成为太阳系中一个生机勃勃的星球。

地球上的氮循环是由生活在土壤和水体中的微生物驱动的。当然，主要是土壤微生物。地球上氮的循环与其他生命元素的循环，特别是碳循环密切相关。人们对氮循环的认识和知识的积累是与微生物学的进展以及对碳循环的认识紧紧地联系在一起的。

氮肥既是农业增产必不可少的农业化学品，又是环境污染物的主要来源之一。因此，提高氮肥利用率、降低氮肥损失、充分发挥其增产效果、降低环境风险，既是保障粮食安全的迫切需求，也是保护环境的必然选择。如何实现农学效应与环境效应相协调，是一个涉及众多学科的、全球性的重大科学命题，同时是世界各国作物高产与资源高效利用所面临的技术难题。

这一命题对我国来说更具特殊性和挑战性。为了保证粮食安全和农产品的充分供应，必须通过包括增施氮肥在内的各种技术途径，尽可能提高单位面积作物的产量。自 20 世纪 70 年代以来，我国氮肥的年使用量快速增加，对我国农业发展发挥了不可替代的作用。但是，由于单位面积氮肥施用量远高于世界平均水平，加之施用技术和方法不合理，氮肥的当季利用率偏低且损失率偏高，环境污染问题日益严重，东部一些高产地区的高量施氮肥问题尤为突出。不仅如此，问题的严重性还在于，今后随着人口的持续增长和耕地的不断减少，为了保障粮食安全和农产品的供应，必须在有限的耕地上增加投入，以提高单位面积作物产量，而这又必将对环境产生更大的压力。因此，在这种高度集约化条件下，如何充分发挥氮肥的增产效果并保护好环境，协调好作物高产与环境保护的关系，是我们面临的不同于一些人少地多的发达国家的严峻挑战。

作者

2018.11

目　录

第一章　氮与氮交换

第一节　氮的基本概况

氮是一种化学元素，它的化学符号是N。氮的原子序数是7。氮有多个同位素，其中^{14}N和^{15}N是稳定性同位素，即没有放射性、不会衰变的同位素。^{14}N和^{15}N的自然丰富分别为99.635%和0.365%。除^{14}N和^{15}N外，其他的是放射性同位素。氮元素的放射性同位素的半衰期都很短，半衰期最长的^{13}N也只有9.96 min。^{13}N的半衰期虽然很短，但是许多重要的生物化学实验需要通过它来完成。稳定性同位素^{15}N是研究氮元素在生物体内和土壤中转化的、很有用的示踪剂。

什么叫同位素？质子数相同而中子数不同的同一元素的不同原子互称为同位素。同位素在元素周期表中占有相同的位置。任何一种元素的原子都是由带正电荷的原子核和带负电荷的核外电子构成的。原子核由质子和中子构成。原子核可以简称为核。元素在周期表中的位置取决于它的质子数。某元素原子的质子数与该元素的原子序数相等。

氮元素位于元素周期表中的第ⅤA族。氮元素的原子结构使其可以形成从−3价到+5价的化合物，如NH_3、N_2H_4、N_2O、NO、NO_2、N_2O_5等。两个N原子构成N_2，分子N_2以气态形式存在自然界中。N_2是空气的主要成分之一，约占空气体积的78%。N_2具有稳定性，它只有通过自然生物固氮和人为活化过程以后才能进入氮的生物地球化学循环中。

一、氮元素是地球上生物体的必需元素

地球上的生物可分为动物、植物和原生生物等。氮元素是生物体的重要构成

元素和维持高等动物、植物生命活动的必需元素。必需元素是指生物体缺少某种元素就不能正常生长发育，而且该元素的功能不可能由其他元素来代替。生物体的必需元素有许多种，不同生物体的必需元素不完全相同，但氮元素是所有生物体不可代替的必需元素。

氮元素是生物体内蛋白质的构成元素之一，而蛋白质是细胞的重要组成部分。氮元素是核酸的组成部分。核酸是DNA（脱氧核糖核酸）和RNA（核糖核酸）的总称。氮元素是生物体内各种酶的主要组成成分，也是生物体内某些生物碱的组成部分。酶是一种生物大分子，每种酶都具有专一性，某一生物化学过程缺少某种酶就不能进行。酶可以被简单地理解为生物化学反应的催化剂。

二、氮肥是农业增产要素

土壤是农作物生长的基地，它给农作物提供水分和各种养分。农作物的生长发育需要从土壤中获得多种营养。并不是所有土壤都能满足农作物对营养物质的需求，要使作物高产，必须将营养物质补充到土壤中。我们一般把作物生长最需要的营养成分制成肥料，根据作物的需求和土壤供给养分的能力，将肥料形态的营养物质及时地加到土壤中，以满足某种作物对某种或某几种养分的需求，这就是常说的施肥。作物高产需要量最大的营养元素是氮（N）、磷（P）和钾（K），习惯上把N、P、K称为植物营养的三要素。作物对这三种营养元素的需求量非常大，但是一般土壤中这三种营养元素的含量常常不能满足作物高产甚至正常生长的需求。人们通过施肥的方法适时地补充N、P、K的含量，为作物高产提供条件。其中，氮肥的需求量和增产效果均居首位。

以2005年为例，我国氮肥、磷肥、钾肥的消耗量分别为2620万吨（以纯N计）、1526万吨（以纯P_2O_5计）和620万吨（以纯K_2O计）。全国化肥试验网针对1981～1983年29个省（区）18种作物的数千个田间试验结果进行分析得出，对于1公顷的水稻、小麦和玉米来说，每千克N可增产约10.8千克籽粒，每千克P_2O_5可增产约7.3千克籽粒，每千克K_2O可增产约3.4千克籽粒。这里的每千克N是通过氮肥折算的，每千克P_2O_5和每千克K_2O也是一样。由于氮肥、磷肥、钾肥都是化合物形态，而且不同的氮肥、磷肥、钾肥所含的N、P_2O_5和K_2O的含量是不同的，为便于比较都折算成纯养分来计算。全国化肥试验网得出的每千克N能增产约10.8千克籽粒，并不是一成不变的，这是在当时条件下，综合磷肥和钾肥的配合、灌溉、作物品种等情况得出的结果。这些条件一旦变化，氮肥的增产效果也会随之变化。然而，不管怎样，施加氮肥总是增加农作物产量的诸多方法中最有效的一个。

作物只能利用两种形态的氮，一种是铵态氮，另一种是硝态氮。如果不是这两种形态的氮，就需要经过微生物转化成铵态氮或硝态氮后，才能被作物吸收利用。即使是尿素这样简单的氮化合物施入土壤后，也要经过土壤中的脲酶作用，水解成铵态氮后才能被作物吸收利用。

能为作物提供氮素营养的肥料分为两类：无机氮肥和有机肥料。无机氮肥是通过化学方法合成的肥料。无机氮肥也称合成氮肥，简称氮肥。早期的合成氮肥的品种主要有硫酸铵[$(NH_4)_2SO_4$]和硝酸铵(NH_4NO_3)。氨水($NH_3 \cdot H_2O$)可直接用作肥料，虽然价格便宜，但运输和施用都比较麻烦，因此应用并不普遍。现在已增加了碳酸氢铵(NH_4HCO_3)、尿素[$CO(NH_2)_2$]等氮肥品种。碳酸氢铵因为制造工艺比较简单，曾是我国重要的氮肥品种，至 2004 年降至我国氮肥生产总量的 19%。由于碳酸氢铵这种氮肥存在一些固有的缺陷，如含氮量低、易挥发损失、肥效低等，将逐步被淘汰。目前，国际上使用最广泛的一个氮肥品种是尿素。2004 年尿素约占我国氮肥生产总量的 65%。尿素的优点是含氮量高，一般约为 46.7%。

目前已研制出了一些复合肥料，主要是含氮和磷的复合肥料。主要有磷酸二氢铵($NH_4H_2PO_4$)和磷酸氢二铵[$(NH_4)_2HPO_4$]。磷酸二氢铵的含氮量约为 12.2%，磷酸氢二铵的含氮量约为 21.2%。复合肥料不同于混合肥料，复合肥料含两种或两种以上的营养成分，如磷铵复合肥是有固定化学式的氮磷化合物。而混合肥料是根据土壤和农作物类型，把氮肥、磷肥和钾肥按一定的比例机械混合而成的。为便于施用，通常将混合肥料加工成小颗粒状。混合肥料中也可根据需要加入硼、钼、铜、锌等农作物必需的微量元素。

各种有机肥料也是农作物的重要氮素来源。某些有机肥料中虽然含有铵态氮和硝态氮，但数量不多，它们主要以各种有机态氮形式存在。有机肥料中不仅含有氮元素，也含有磷元素、钾元素和其他各种作物必需的营养元素。有机肥料种类很多，常见的有人、家畜和家禽的排泄物，作物秸秆和豆科绿肥。如上所述，作物只能吸收、利用铵态氮和硝态氮，而有机肥料中的各种有机氮化合物只有经过土壤中微生物的分解，转变为铵态氮和硝态氮后才能作为作物的氮素营养。但是，有机肥料中的有机氮化合物并不是都能转化成铵态氮和硝态氮的，只有小部分能转化成作物可利用的形态。有机肥料中有相当一部分有机氮化合物会转变成不同稳定程度的土壤有机态氮而储存在土壤中。

三、氮循环过程中产生的氧化物和氢化物是危及生态环境的有害因子

在氮循环过程中通常会形成种类繁多的氮氧化物和氮氢化物，主要有 NO、

NO_2、N_2O、NO_3^-、NO_2^-、NH_3 和 NH_4^+ 等。氮循环是一个自然过程，在没有人为活动影响以前，氮循环过程中所产生的这些氧化物和氢化物的浓度和含量会保持在自然背景水平，可以被陆地生态系统所消纳，不会改变大气和水体中这些氧化物和氢化物的浓度，因此不会对生态环境产生严重影响。

但是，自工业化以来，由于人口的增长、工业和农业的快速发展、人为活化氮的数量急剧增长，严重地扰乱了自然界氮含量的平衡，大气中 N_2O、NO 和 NO_2 的浓度及水体中硝态氮的浓度急速增高，其中 N_2O 已被确认是主要的温室气体，与全球气候变化有关。不仅如此，N_2O 还破坏臭氧层，增强地表紫外线的辐射，增大皮肤癌的发生概率。NO 和 NO_2 是形成酸雨的主要成分，危害陆地和水生生态系统，导致土壤酸化。过量的硝态氮和其他形态的氮向水体迁移，导致水体富营养化，影响饮用水质量。硝态氮摄入过量会导致高铁血红蛋白症，而且还有致癌的危险。氨气挥发到大气后通过大气干湿沉降返回陆地和海洋，不仅成为 N_2O 的二次来源，而且会进入森林、草原、自然湿地和水体，从而影响生态系统中的氮循环。氮循环涉及人类生存环境和可持续发展，它已成为全球关注的前沿性科学问题。

第二节　自然界圈层与氮循环

地壳的浅表层是土壤和海洋浅表沉积物。土壤和海洋浅表沉积物是地球上植物和微生物的生长介质。陆地是陆生生物的栖息地，海洋是海洋生物的栖息地。

我国自古以来，就有盘古开天辟地的传说，古书上也有“混沌初开，乾坤始奠”的论述。这大体上可理解为古人对地球圈层分异的一种原始而又精辟的认识。地质学家认为，地球是在距今 46 亿年前由围绕太阳的金属、陨硫铁以及硅酸盐的宇宙尘云快速集积而成的。地球雏形形成后，内部进一步分化，形成了地球固体部分的层圈结构。地质学家把这种结构再细分为地核、地幔和地壳三层。地壳、地幔和地核是地球固体部分的构造。这一构造如何形成的，地质学家之间还存在不同的说法。其中，一种说法是组成原始地球的尘粒是按它们的密度与熔点的高低依次聚集的。首先，熔点高、密度大的铁镍尘粒首先聚集形成地球中心的地核；其次，铁镁硅酸盐尘粒聚集，包围在地核的外层，成为地幔；最后，熔点低、密度小的硅酸盐尘粒聚集包围在地幔的外层，成为地壳。地壳处于地球固体部分的表层。地壳形成后，地球上又逐步形成了原始的大气圈和水圈，与此同时，地球上原始生命开始出现。

据科学家推算，从原始地球形成到地核、地幔和地壳分异，再到原始大气圈、水圈形成和原始生命的出现，大约经历了8亿年的时间。自那时起至今的约38亿年的地球历史长河中，地壳发生过剧烈变动，先后出现过多次大规模的造山运动。海洋和陆地经历过多次大变迁，地球上曾出现过多次冰期和间冰期，气候发生激烈巨变，这就是我国古书上的“沧海桑田”之说。岩石圈、大气圈、水圈的化学组成经历了不断的化学演化，随着地球的其他圈层的演化和气候的变迁，地球上的生命也进行着不断的进化和物种更替。今天呈现在我们面前的地球圈层的格局、组成、结构以及它们之间的相互作用也只是地球演化和生物进化史上的一个相对稳定的阶段。下面我们简要介绍一下有关地球圈层的一些基本知识。

一、自然界的四个圈层

岩石圈

岩石圈实际上是指地球上部相对于软流圈而言的坚强的岩石圈层，它包括地壳的全部和上地幔的顶部。岩石圈由花岗质岩、玄武质岩和超基性岩组成。

大气圈

大气科学家把大气圈分为对流层、平流层、中间层、暖层等。平流层也称同温层。大气圈的主要成分是氮气（N_2）、氧气（O_2）、氩气（Ar），还有少量二氧化碳（CO_2）、稀有气体和水蒸气等微量气体成分。除气体外，大气中还有悬浮水滴、冰晶和固体微粒。

水圈

水圈中的大部分水以液态形式储存于海洋、河流、湖泊、水库、沼泽及土壤中；部分水以固态形式存于极地的广大冰原、冰川、积雪和冻土中；水汽主要存于大气中。三者常通过热量交换而部分相互转化。水圈中的水在太阳辐射和重力作用下，以蒸发、降水和径流方式不断循环，在这一过程中，水和溶解在其中的由 CO_2 形成的碳酸溶液对岩石矿物进行溶蚀，使元素重新活化、迁移、分异和沉淀。

生物圈

生物圈是指地球上凡是出现并感受到生命活动影响的地区，是地表有机体包括微生物及其自下而上环境的总称，是地球特有的圈层。生物圈是地球上最大的生态系统。

二、自然界的第五个圈层

过去，地质学家从“土壤的成土母质起源于岩石而且覆盖在岩石表层”这一事实出发，把土壤包括在岩石圈中，而生物学家考虑到土壤是植物和微生物的生长介质，又把土壤作为生物圈的一部分。

20 世纪 30 年代末，土壤科学家从土壤在地球物质迁移、转化和循环中的独特功能及其与其他四个圈层之间的相互作用的事实出发，提出了土壤圈的概念。这样，地球系统被认为是由五个圈层组成。

土壤圈与岩石圈、水圈、大气圈、生物圈之间联系密切而又独立存在。土壤圈是地球系统的组成部分，它处于岩石圈、水圈、大气圈和生物圈的交界面上。

从土壤与岩石圈、水圈、大气圈和生物圈的自然连接的位置以及土壤在地球系统物质迁移、转化和循环中的功能出发，把土壤圈作为地球系统的一个独立的圈层，可以认为这是人们认识地球的一个深入发展。

微生物学家曾对肥沃耕种土壤中微生物的数量做过估算，每克肥沃的耕种土壤有 1.5 亿～25 亿个细菌、70 万个放线菌、40 万个真菌、5 万个藻类和 3 万个原生动物（如图 1－1）。进入土壤圈的有机物质的分解和进一步的转化，就是靠这些居住在土壤中的微生物昼夜不停地辛勤工作来完成的。如果我们把土壤圈比作地球上物质转化的一个拥有许多车间的大工厂，那么不同微生物就是不同工种的技术工人。土壤中物质转化过程是由它们来操办的。但是某一转化过程的活动中止或终结和反应强度是由土壤的环境条件，即土壤温度、水分和酸碱度（pH）以及反应基质（底物）即生产的原料的数量来决定的。

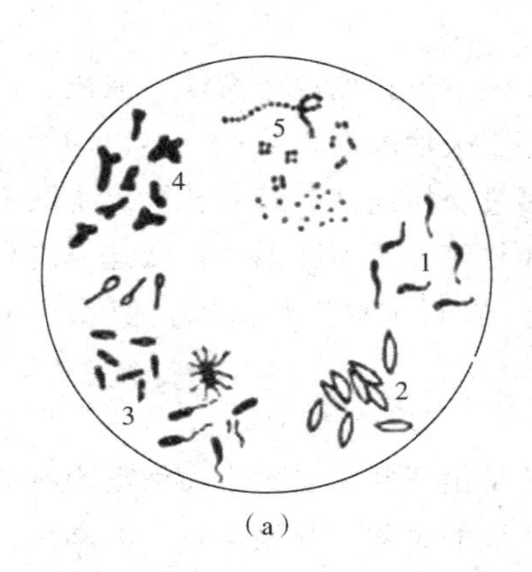

（a）

1－弧菌；2－梭菌；3－杆菌；4－根瘤菌（类菌体）；5－球菌

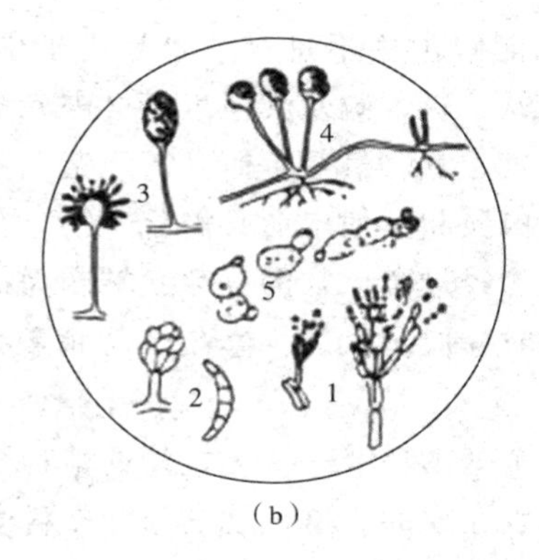

（b）

1—青霉；2—镰刀菌；3—曲霉；4—根霉；5—酵母菌

（c）

1—卷曲放线菌；2—轮生放线菌；3，4—直丝放线菌；5—卷曲放线菌

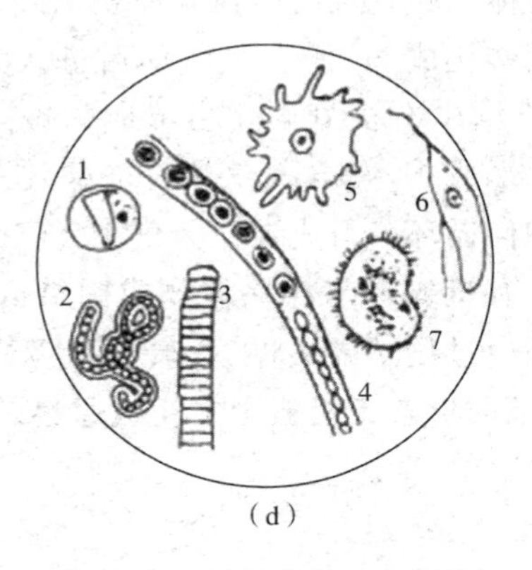

（d）

1—小球藻；2—念珠藻；3—大颤藻；4—链球藻；5—变形虫；6—鞭毛虫；7—纤毛虫

图 1—1 肥沃耕种土壤中微生物群落

地球上的生命为什么能够生生不息？主要是由于生物具有生殖和遗传的特性，还依赖生物圈中碳、氮、磷、硫及其他生命必需元素的正常循环。被植物同化和吸收的碳、氮、硫、磷、氧、氢等生命必需元素，构成了人和动物生存必需的碳水化合物、脂肪、蛋白质和其他生命必需化合物。含有这些化合物的植物残体、动物尸体和动物排泄物经过微生物的分解又转变为植物可以同化和利用的形态。植物在进行光合作用时释放出氧气。生命必需元素的如此往复循环，才使地球上的生命生生不息。

自然界物质循环的两个基本环节——无机物的植物同化和有机物的微生物分解是由植物和微生物来分别完成的。这也就是为什么科学家把自然界的物质循环称为生物地球化学循环。

三、自然界氮循环的基本图式

首先介绍一幅描绘自然界氮循环的基本图（如图1－2)。通过图1－2，可以得到自然界中氮循环的一个基本轮廓。图1－2看上去好像化工厂里生产某种产品的工艺流程图，但这只是人为地将氮元素在自然界迁移、转化的过程集合在一起的概念示意图。自然界的氮循环并不是按这个图来进行的，这个图实际上是不存在的。这是因为一个氮原子从一种形态转换到另一种形态的反应是偶然的。例如，气态分子 N_2 中的一个氮原子被生物或化学的方式合成固定为 NH_3，这个原子并不是一定要参加图1－2所示的所有转化过程。生物固定的 NH_3 和进入土壤的化学合成的铵态氮，可通过硝化作用、反硝化作用转化成 N_2 等含氮气体；也可进入植物体内或微生物体内转化成有机氮，有机氮经过矿化转化成铵态氮，再经硝化作用、反硝化作用转化成 N_2 等含氮气体后进入大气。生物或化学合成的 NH_3 中的氮原子，可与土壤中有机氮矿化后形成的铵态氮中的氮原子共同经历硝化作用、反硝化作用，形成 N_2 等含氮气体，重返大气圈。

氮元素在地球系统如何循环，首先要从大气中 N_2 的固定说起。大气中的 N_2 通过生物固定而活化，以有机氮形态存在植物或固氮微生物体内。大气中的 N_2 被人为固定的重要途径是通过化学方法将 N_2 转变为无机态 NH_3（化学工业上叫合成氨)。合成氨是制造不同形态无机氮肥的初级原料。

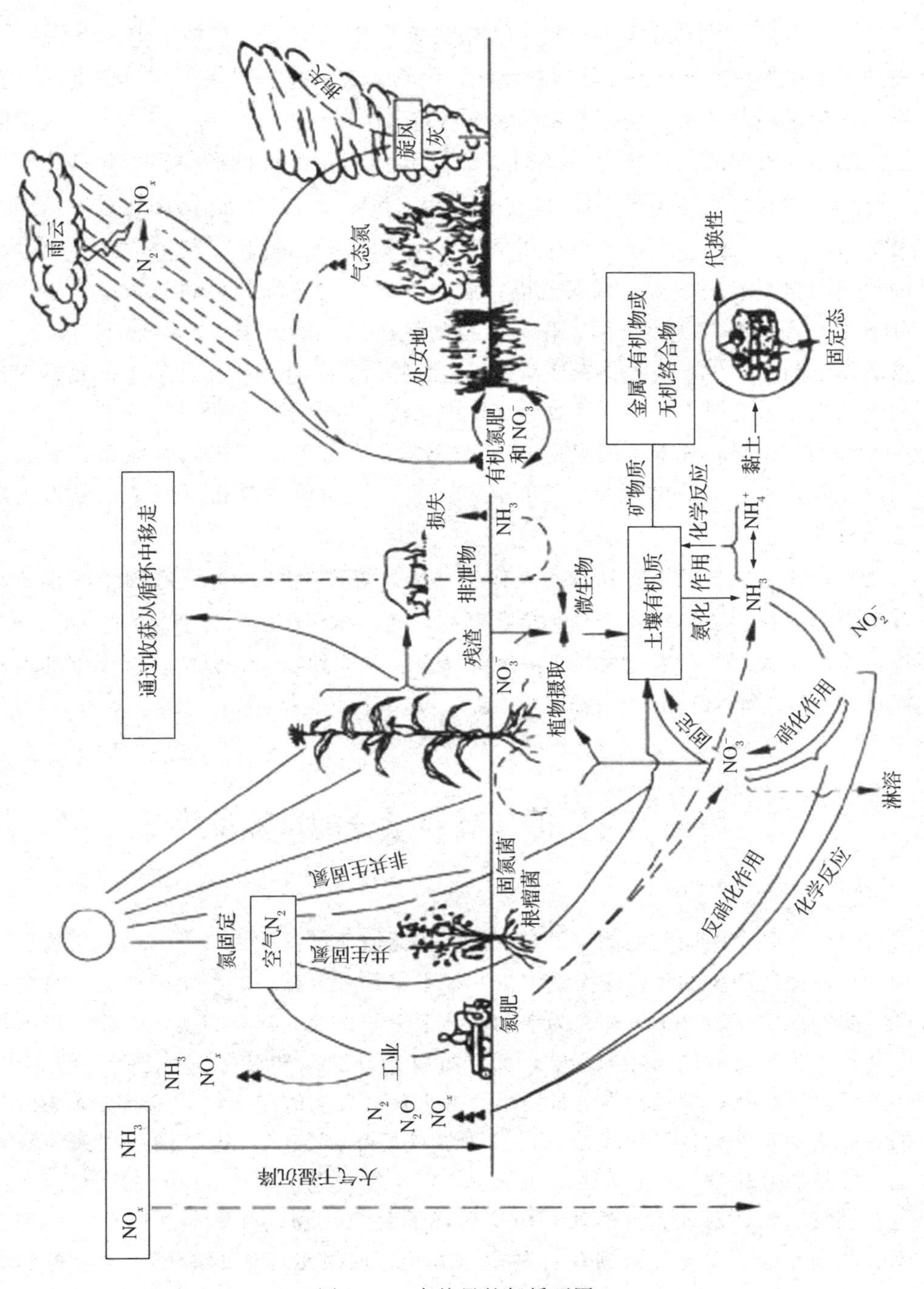

图 1－2　自然界的氮循环图

通过自然的雷电过程可以把大气中的氮固定，形成的产物主要是NO_2，并随同降水以NO_3^-形态进入陆地和海洋。生物固定的氮、进入农田土壤的化学氮肥、作为肥料的动物排泄物氮和返回农田的农作物秸秆中的氮、以大气干湿沉降进入陆地和海洋的氮（NO_x和NH_x）等，会经过一系列的微生物生化和化学转化过程，如有机氮转化成NH_3的矿化过程，NH_3形成NO_3^-的硝化过程，以及NO_3^-还原形成N_2、N_2O、NO_x等含氮气体的反硝化过程。其中，反硝化过程中形成的含氮气体重新回到大气圈；施入农田中的铵态肥料和动物排泄物中的NH_3的一部分挥发到大气圈；作为肥料的氮进入农田土壤后，约有30%～50%被农作物利用，生产出各种农产品而进入食物链；人和动物排泄物中的氮的一部分返回农田做肥料，一部分排放到水体中，进入氮的下一轮循环。

进入农田的各种来源的氮中约有33.3%难以分解的有机氮是储存在土壤中的。此外，进入土壤的无机形态的NH_4^+可被土壤矿物晶格所固定，成为固定态NH_4^+。

来自化石燃料燃烧、森林和农作物残体燃烧产生的NO_x，农田土壤排放的NO_x，以及来自农田土壤和动物生产系统的动物排泄物的NH_3和粉尘中的NH_4^+等，排放到大气圈后通过大气干湿沉降又重新分配到陆地和海洋。沉降到陆地和海洋的NH_x和NO_x经过一系列转化后，进入下一轮循环。

第三节　氮的地球化学分配及氮交换

自然界各个圈层究竟储存了多少氮？在氮循环过程中大气—陆地（生物、土壤）—海洋之间氮的数量交换是多少？这不仅是一个有趣的科学问题，而且是一个重要的现实问题。了解在人为活动影响下氮的含量分配和交换，不仅可以科学地估计人为活动对氮循环的影响，而且可以充分发挥氮肥在农业增产中的作用，生产更多的食物，满足世界上日益增长的人口对食物的需求，还可以把人为活化的氮的增加对人类生存环境带来的负面影响降低到最小。这里讲的“人为活化氮”是指通过化学方法合成的无机氮、农田生物共生和非共生固定的有机氮以及化石燃料（煤、石油、天然气）燃烧形成的氮氧化物。科学家利用现场观测数据、数据库的基本统计数据和各种模型方法，已对全球氮的地球化学分配和大气—陆地—海洋之间氮的交换做出了一个初步的估算。

一、氮的地球化学分配

20 世纪 80 年代中期，土壤生物化学家 Stevenson 汇集了其他科学家的估算结果，对全球氮的生物地球化学分配进行了汇总并发表在《土壤的循环：碳、氮、磷、硫和微量元素》一书中。我们根据他汇总的数据略加修改列于表 1—1。

表 1—1 地球圈层中氮的储量分配

位 置	氮的储量/吨
（火成岩）地壳	1.0×10^{15}
（火成岩）地幔	1.62×10^{17}
地核	1.3×10^{14}
沉积岩	$(3.5\sim5.5)\times10^{14}$
煤	7.0×10^{10}
海底有机物结合的氮	5.4×10^{11}
大气圈	3.86×10^{15}
（水圈）溶解的 N_2	$2.0\times10^{13}\sim1.9\times10^{14}$
（水圈）结合的氮	1.1×10^{14}
生物圈	$(2.8\sim6.5)\times10^{11}$
（土壤圈）土壤有机物质结合的 N	2.2×10^{11}
（土壤圈）黏土矿物固定的 NH_4^+	2.0×10^{10}

地球上最大的氮库是岩石圈。岩石圈中氮的储量为 1.636×10^{17} 吨，约占全球氮储量的 98%，而且这么多的氮主要储存在地壳和地幔中，沉积岩中储存的氮约占岩石圈氮储量的 0.21%～0.34%。储存在地壳和地幔中的氮以铁、钛化合物和其他金属化合物的形态存在。岩石圈表层地壳储存的氮中，只有最表层的风化壳所含的氮在矿物分解时才能被释放出来。究竟地表风化壳中有多少氮参与了全球氮的生物地球化学循环，目前尚无计算，但可以认为数量是很少的。

全球第二大氮库是大气圈。大气圈中氮的储量为 3.86×10^{15} 吨。虽然大气圈中有如此数量巨大的氮储存量，但大约只有岩石圈氮储量的 2.38%。大气圈中的氮主要以 N_2 形态存在，它约占空气体积的 78%。

水圈、生物圈和土壤圈中氮的储量相对很小。其中，溶解在水体中的 N_2 为 2.0×10^{13} 吨～1.9×10^{14} 吨，结合态氮为 1.1×10^{14} 吨。生物圈储存的氮为（2.8～6.5）$\times10^{11}$ 吨，土壤圈氮的储存总量为 2.4×10^{11} 吨，其中与土壤有机质结合的氮为 2.2×10^{11} 吨，约占土壤圈氮总储量的 91.67%。其余 8.33% 为结合在黏土矿物晶格中的固定态铵。生物圈、土壤圈和水圈中的结合态氮虽然数量相对比较小，但它们都是活化氮。在了解了自然界的氮在地球各圈层的数量分配和形态后，可以清楚地知道岩石圈中的氮虽然数量特别巨大，但它主要储存在火成岩的金属矿物中。一般说来，岩石圈中的氮并不参与地球上的氮循环。只有火山喷发时喷出的某些氮化合物，才参与地球上的氮循环。大气圈和水圈中溶解的 N_2 虽然很稳定，但它可被生物和化学合成活化形成 NH_3。另外，大气中的某些自然过程，如在雷电过程中可生成 NO_x。因此，大气圈的 N_2 虽然稳定，但它是自然界中氮循环的主要参与者。由此可见，自然界中的氮循环主要是在大气圈—生物圈—土壤圈—水圈之间进行的。目前，科学家特别注意大气—陆地（生物和土壤）—海洋之间的氮交换。

二、大气—陆地—海洋氮的交换

在没有人为活动强烈影响的工业化以前，地球上的氮是在自然水平上正常的循环。但是工业化以来至 20 世纪 90 年代初，情况发生了很大的变化，由于人为活化氮的行为急速增加，已严重地扰乱了自然界中氮的正常循环。现在全球每年有多少氮被活化后从大气输入陆地和海洋？又有多少氮从陆地和海洋被排放到大气？每年地球上到底有多少氮在流通？最近，国际环境问题科学委员会（SCOPE）氮项目组的科学家以 1990 年全球基本统计数据和大量的观测数据为依据，对全球大气—陆地—海洋之间氮的交换做了一个新的估算（如表 1—2）。

表 1—2　大气—陆地—海洋之间氮的交换

氮的交换	氮的交换量（Tg/年）
1. 从大气进入陆地和海洋的氮	542
（1）陆地自然生物固定的氮	86
（2）化学合成氮	81
（3）海洋生物固定的氮	235
（4）收籽豆科作物和种植水稻、甘蔗增加的生物固定的氮	33

续 表

氮的交换	氮的交换量（Tg/年）
（5）大气干湿沉降的氮	102
沉降到陆地的 NO_2	33
沉降到海洋的 NO_2	13
沉降到陆地的 NH_3	43
沉降到海洋的 NH_3	13
（6）雷电过程形成的 NO_x 随降雨进入陆地和海洋	5
2. 从陆地和海洋排放到大气的氮	269
（1）化石燃料和生物量（森林和农作物秸秆）燃烧排放的 NO_2	13
（2）分解土壤、动物排泄物等放出的 NO_2	26
（3）农业中的反硝化作用	14
（4）河流、海湾中的反硝化作用	31
（5）大陆架中的反硝化作用	128
（7）NH_3 挥发	57
陆地动物源	26
陆地非动物源	23
海洋	8

* 根据 J. Galloway 在 1999 年 5 月提交 SCOPE 氮项目组专家工作组会议的论文数据制表。

* * 1 Tg=1.0×10^{12} g，即 100 万吨。这是国际上在计算全球或区域物质循环通量时使用的一个常用单位。

每年有多少氮从大气进入陆地和海洋？我们把从大气进入陆地和海洋的氮分为六种来源并分别计算它们的交换量。

从大气进入陆地和海洋的氮中以生物固定的氮的交换量最多，总计达到 354 Tg/年，约占大气进入陆地和海洋氮总量的 65.3%。其中，海洋生物固定的氮的交换量约为陆地生物固定氮的三倍。通过大气干湿沉降进入陆地和海洋的氮也是一个不小的数量，总计为 102 Tg/年，约占大气进入陆地和海洋氮总量的 18.8%。全球在 1990 年化学合成氮已达到 81 Tg/年，约占大气进入陆地和海洋总氮量的 14.9%。全球雷电活化的氮为 5 Tg/年，与其他进入陆地和海洋的氮相比，数量相对比较小，它们随同降水进入陆地和海洋。大气氮通过不同途径活化后进入陆地和海洋的总量为542 Tg/年。

每年又有多少氮从陆地和海洋排放到大气中？从陆地和海洋返回大气的氮的总量为269 Tg/年。最主要的方式是通过氮的反硝化作用。氮在大陆架、河流、海湾及农田土壤中的反硝化作用交换量总计173 Tg/年，约占陆地和海洋返回大气氮总量的64.3%。其中，以大陆架中的反硝化作用的氮的交换量最多，达128 Tg/年，大约是农田土壤反硝化作用的氮交换量的10倍。

氮从大气进入陆地和海洋的交换量为542 Tg/年，而氮从陆地和海洋返回大气的交换量为269 Tg/年。有人通过对这两个数字的简单对比，会自然地提出问题：为什么从陆地和海洋返回大气的氮交换量只有从大气进入陆地和海洋的氮交换量的一半？另一半的氮到哪里去了？下面将给出解答。

三、土壤和植物是地球大气—陆地—海洋氮交换中的“大仓库”

前一节已经提到，大气中的氮通过各种途径被活化后进入陆地和海洋，而进入陆地和海洋中的氮的一部分又返回大气，另一部分则被自然界中的绿色植物利用，形成植物蛋白质。由于自然界中的绿色植物有自然植被和农作物之分，它们的植物蛋白质的去向也不同。农作物可食部分的蛋白质和一部分草原植物的蛋白质作为人和动物的食物而进入食物链。进入食物链后大部分植物蛋白转变为动物蛋白，不能被人和动物吸收的部分植物蛋白又作为排泄物进入土壤和水体，结合在作物秸秆中的氮，一部分返回农田土壤，一部分作为生活燃料和在田间就地燃烧形成NO_x形态而返回大气。进入自然植被（如森林）的氮储存在植物体内成为植物储存氮，自然植物枯枝落叶中的氮又进入土壤。

另外，固氮微生物固定的氮一部分供给其他植物利用，而另一部分构成了微生物生物体，储存在土壤中。科学家们已对土壤和植物这个“仓库”中储存了多少氮做出了估算。据SCOPE氮项目组科学家的最新估算，全球土壤氮的储存量达77000 Tg。土壤氮库包括微生物氮在内。植物储存的氮为4000 Tg。土壤中的氮和植物储存的氮不同于火成岩中与铁、钛和其他金属结合的氮及大气中的N_2，它们是活化氮，虽然是稳定的，但通过微生物转化可以成为NH_3等形态的氮。储存在土壤和植物中的氮是一笔相当于“长期存款”的财富，在氮循环中可以派上大用处。

第二章　氮添加与作物生态适应性

第一节　氮素的功效与氮素循环

一、氮素的功效

氮素是地球上全部生命的基本成分，它存在许多有机分子中。氮素是氨基酸的一个基本组分，氨基酸是蛋白质的基本结构单位。氮素能刺激根系生长和作物发育，增加蛋白质含量，并促进其他基本植物营养元素的吸收。除可通过共生生物从大气中固氮的豆科植物外，其他作物对氮肥反应敏感。缺氮的主要症状是老叶叶色变黄、植株矮小，严重缺氮会导致作物产量下降，蛋白质含量降低。在作物生长过程中，作物对氮素的需要量较大，土壤缺乏氮素是农产品产量下降和品质降低的主要限制因素。

氮是肥料中最重要的营养元素，氮肥的合理施用可提高土壤肥力，保证农业可持续发展、食品安全和营养安全。相反，一旦氮肥管理不当，氮肥的施用就会对环境和人类健康产生负面影响，会使土壤肥力下降、作物产量和收获物中蛋白质含量下降、土壤中有机质减少、土壤易被侵蚀以及在极端情况下的土壤易产生荒漠化等。过剩的硝酸盐可能转移至地下水和饮用水中，影响人们的身体健康。地表水的富营养化与含氮养分施用的日益增加有关，富营养化易引发生态退化和资源消耗。在大气中，含氮氧化物和细颗粒物易引发哮喘、心脏疾病等严重的人类健康问题。

氮从土壤被转移到植物体，再从植物体到土壤，这个过程的中间体主要是由动物或人类来充当的。含氮化合物在土壤中要经历矿化作用、固定作用、硝化作用和反硝化作用等一系列作用，并在土壤和空气之间产生交换过程。在自然生态系统中，这个循环是封闭的，氮的输入和氮的输出是平衡的。但是，绝大多数自然生态系统中氮元素迁移的小规模性限制了作物产量。在农业体系中，氮元素的这个循环被收获的产品中大量氮元素的移出所扰乱。施用氮肥可以平衡投入产出、保持或提高土壤肥力、增加农业生产率等。

二、氮素循环

氮素循环指含氮化合物在大气圈、水圈、生物圈和土壤圈等循环的过程。在这一循环过程的各环节上，活性氮化合物以正面和负面的方式影响着人类健康和自然环境。陆地、湖泊和海洋生态系统可通过生物固氮作用，从降水、干的散落物、移动的沉积物等中得到氮元素。氮损失所包括的机制有反硝化作用、淋溶、径流和流出物、氨气挥发作用以及收获作物。一些迁移过程使氮从一个生态系统中损失又被另一个生态系统所获得。氮转移中的一部分与人类活动有关，另一部分与大自然有关。例如，氮气通过生物体系，包括自然体系和农业或种植体系被固定，其中自然体系是主要贡献者。进入全球氮循环的活性氮最终去向，有的以反硝化作用进入非活性的大气氮圈；有的以土壤有机氮、有机物质或活的生物体形式累积进入有机氮圈；还有一部分转化成氮氧化物，这些氮氧化物会加剧全球变暖。

氮素通过农业生产进入自然环境，或通过燃料燃烧进入大气。氮一旦以活性形态存在，就可以参加一系列化学变化，生成各种物质，对大气、陆地和水体等系统以及人类健康产生各种影响。例如，尿素这种氮肥被施用到田地后，其中一部分尿素会以氨气形式挥发到大气中。进入大气中的氨气可能对人类健康产生负面影响。在土壤中，铵态氮被氧化成硝态氮，如果没有被作物所吸收，可能将淋溶至地下水，然后进入地表水系统，这可能导致水体富营养化。硝酸根可能被还原成氮气。这是一个理论范例，说明了活性氮在环境中发生变化的各种途径，以及在其转化至无活性氮气之前的各种影响。

氮素循环由大气层的气态氮循环和土壤氮的内循环组成。整个氮循环的通道多与大气直接相连。空气中约有体积分数为78%的氮气，但是几乎所有的氮气都不能被大多数高等植物吸收。只有某些微生物以及与高等植物共生的固氮微生物才能利用大气中的氮气，使氮气转化成生物圈中的有效氮。土壤氮的内循环是在土壤植物系统中，氮元素在动植物体、微生物体、土壤有机质、土壤矿物质中的转化和迁移，包括有机氮的矿化作用和无机氮的生物固氮作用、黏土对铵的固定和释放作用、硝化作用和反硝化作用、腐殖质形成和腐殖质稳定化作用等。土壤圈中循环的氮每年约有5%可与大气圈和水圈进行相互交换，剩余的95%只能在土壤—微生物—高等植物系统中进行相互交换，而且不会从这些系统中迁移出去。因此，氮在土壤圈之间的迁移速率主要决定了地球氮的循环速率。

植物和微生物吸收铵盐和硝酸盐，将无机氮同化为有机氮；动物再食用植物，将植物有机氮同化为动物有机氮。动物代谢过程中向体外排泄氨、尿酸、尿素以及其他各种有机氮化合物。另外，动物分泌物和动植物残体被微生物分解时也释放氮。氨或铵盐在有氧条件下能被氧化成硝酸盐。硝酸盐溶于水，易被植物吸收利用，但易从土壤中淋溶，流至河湖及海洋。硝酸盐在微氧或无氧条件下，能被多种微生物还原成亚硝酸盐并进一步还原成氮气，返回大气。这种反硝化作用会造成土壤耕作层的氮肥损失，也有部分产物造成环境污染。

植物所利用的氮源，主要来自土壤。目前，存在土壤中的有机氮估计为3000亿吨，它们被逐年分解为无机氮供植物利用。陆地上生物活体中储存的有机氮总量为110亿～140亿吨，这部分氮的储量虽不算多，但它们处于迅速再循环中，可反复供植物利用。土壤中的有机含氮化合物主要来源于动物、植物和微生物躯体的腐烂分解，这些含氮化合物大多数是不溶性的，通常不能直接被植物利用，植物只可以吸收其中的氨基酸、酰胺和尿素等水溶性的含氮化合物。植物的氮源主要是无机氮化合物，而无机氮化合物中又以铵盐和硝酸盐为主，它们约占土壤含氮总量的1%～2%。植物从土壤中吸收铵盐后，可直接利用它合成氨基酸。如果吸收硝酸盐，那么必须经过代谢还原才能被利用，因为蛋白质中的氮呈高度还原态，而硝酸盐的氮则呈高度氧化态。

在生态系统内部和各生态系统之间，风和水是氮进行长距离迁移的主要原动力。人类和动物通过放牧和收获作物也能把来自植物的氮进行长距离的输送。就微观世界而论，扩散作用和质流是氮在一个细胞内、一个有机体内或一个微域内移动的主要过程。农业氮循环与全球氮循环是密不可分的，在农业系统和更广阔的环境之间永远存在着氮的交换。减少活性氮化合物的损失以及提高农作物氮素利用率，是农业可持续发展的必然选择。

第二节　作物对氮肥的吸收利用状况

氮肥在农业生产的发展过程中起到重要的作用。随着高产、优质、高效农业的发展，农业生产上的集约经营、低投入高产出的种植制度的实施，需要依赖化肥的施用，特别是氮肥的施用。氮肥的施用与管理必须有利于环境保护及农业生产的可持续发展。氮肥的合理施用及氮素的科学管理，不仅可以充分发挥氮肥在提高作物产量、改善作物品质方面的作用，而且可以有效减少氮素损失对环境的污染与危害。

在农田系统中化肥氮元素的去向，是在作物和环境条件影响下，土壤中氮素的转化和移动过程中的综合表现。化肥中氮元素的去向大体可分为三个方面：作物吸收、土壤残留（无机氮、有机氮和土壤固定态铵）、损失（气态损失、淋溶损失）。化肥中氮元素去向的三个方面之间密切关联，受作物种类和生育时期、氮肥品种、施肥技术、土壤性质以及气候条件等影响。对农田生态系统中化肥氮元素去向的定量估算具有一定的不确定性，但大的趋势应是确定无疑的，即化肥氮元素的当季表观利用率低、损失率偏高，有时有明显的净残留。作物中的氮肥利用率不仅与作物中的氮素营养状况直接相关，而且是评价农田系统中化肥氮元素去向的重要指标。有关农田系统中氮肥利用率的研究，一直受到国内外学者的广泛关注。

一、作物的氮肥利用率的测定方法

农作物对氮肥的吸收情况一般用氮肥利用率来表示。氮肥利用率是指农作物吸收的肥料氮占所施肥料总氮量的百分比。在通常的研究中，氮肥利用率仅局限于氮肥施入后的当季利用效率，但不包括氮肥对后季的叠加效益。氮肥利用率的测定方法有两种：同位素示踪法及非同位素示踪差值法。一般认为，非同位素示踪差值法能反映施肥后作物吸收土壤氮素和肥料氮素的实际效果，而同位素示踪法可以在无干扰因素情况下精确地计算出氮肥被作物吸收利用的程度。由于氮肥施入土壤后所产生的激发效应，非同位素示踪差值法的测定值往往大于同位素示踪法。一般认为，在研究肥料氮施入土壤后的行为时，采用同位素示踪法比较可靠，而非同位素示踪差值法可作为衡量施用氮肥后植株体内营养水平提高的指标及确定适宜的施氮量。

用同位素示踪法测定氮肥利用率（Nitrogen Use Efficiency，*NUE*）时，其计算涉及作物吸收总氮量（*NF*，kg/hm^2）、作物和肥料中的^{15}N原子百分超和化肥氮施用量（*NR*，kg/hm^2），可用公式（1－1）表示。

$$NUE=\frac{\text{作物}^{15}\text{N 原子的百分超}}{\text{肥料}^{15}\text{N 原子的百分超}}\times\frac{NF}{NR}\times 100\% \qquad \text{公式（1－1）}$$

用非同位素示踪差值法测定氮肥利用率的计算中涉及对照小区作物吸收总氮

量（NC，kg/hm^2）、施肥小区作物吸收总氮量（NF，kg/hm^2）和化肥氮施用量（NR，kg/hm^2），可用公式（1—2）表示。

$$NUE=\frac{NF-NC}{NR}\times 100\% \qquad \text{公式（1—2）}$$

二、作物对不同形态氮素的吸收利用

吸收到作物体内的氮素，不管是硝态氮还是铵态氮都会很快地被转化为氨基酸，进而形成蛋白质，成为有机氮。一般认为，外界氮源供应情况直接影响作物体内全氮及硝态氮含量。随着氮肥用量增加，作物体内全氮含量增加，硝态氮含量也增加。在蔬菜生产上，增加氮肥用量虽能提高蔬菜产量及全氮含量，但由于作物对硝态氮的还原受多种因素的制约，作物吸收的大量硝态氮不能被充分还原同化，结果出现严重的硝态氮累积。通常认为控制氮肥用量是减少硝态氮含量的一项重要措施，然而减少氮肥用量又会影响作物的产量和品质。只有针对不同的作物种类，采取合理的施用有机肥以及氮肥、磷肥、钾肥，才有可能维持作物高产并降低其硝态氮含量。

作物可以利用的无机氮形态主要是硝态氮和铵态氮。作物对不同形态氮素的吸收利用状况受作物种类、生育期、植株不同部位、植株同化酶活力、植株氨基酸合成能力等作物自身的内部因子以及 pH、温度、氮源浓度等外部因子的影响。但野等人采用水培试验，对 21 种作物分别提供硝态氮、铵态氮及硝态氮和铵态氮，pH 调至 5.0～6.0。结果表明，随硝态氮所占比例的增加，生长良好的作物是红小豆、芥菜、黄瓜、甜菜；用硝态氮及硝态氮和铵态氮两种处理都能良好生长的作物是白菜、萝卜、卷心菜、大豆、马铃薯、番茄、辣椒、洋葱；用硝态氮和铵态氮处理能良好生长的作物是燕麦、玉米、小麦；用铵态氮及硝态氮和铵态氮两种处理都能良好生长的作物是水稻、大麦；随氮源中铵态氮所占比例的增加，生长良好的作物是莴笋；在三种氮源中都能良好生长的作物是胡萝卜和葱。

Reinink 等人研究发现，不同品种莴笋的硝态氮含量与水分含量呈正相关，与有机氮含量呈负相关。有研究表明，菠菜的硝态氮含量随全氮含量的增加而增加，随全磷含量的增加而降低。还有研究发现，大白菜的全氮含量、硝态氮含量随氮肥施用量的增加而增加，但干物质累积量有所下降。

有研究者对燕麦的研究发现，铵态氮在燕麦蛋白质合成旺盛的营养生长期是良好的氮源，但在碳水化合物合成旺盛的生殖生长期对燕麦的茎穗部发育起阻碍作用，而硝态氮则是良好的氮源。进一步研究发现，铵态氮对细胞分裂并不起阻碍作用，但对细胞伸长与充实起阻碍作用。这一阻碍作用与铵态氮在燕麦生殖生长期不能作为良好氮源被利用有很大关系。

作为营养源的氮素，不仅对作物的生长有影响，而且对作物的分化、发育等过程也有很大影响。有研究认为，对水稻的分蘖，硝态氮比铵态氮更起促进作用。铵态氮对成花有抑制作用，硝态氮对成花和根的生长有促进作用。水稻是典型的喜铵植物，但是生殖生长期的稻株吸收与利用硝酸盐的能力却很强。不仅是水稻与燕麦，就是其他多数作物，如棉花、玉米、番茄等的实生苗与甘薯切枝，也都呈现前期相对喜铵，后期特别是生殖生长期相对喜硝的现象。苗期喜铵的现象可被看作萌芽期异养营养特性的继续。因为种子幼胚或储藏器官的幼苗萌动时，最早得到的氮素形态并非外界环境中的硝酸盐，而是体内储藏蛋白质水解产生的 NH_3、NH_4^+、酰胺、氨基酸等。有研究发现，不同形态的氮素对水稻根的生长有不同影响，硝态氮起促进作用，而铵态氮起抑制作用。

大多数作物以硝态氮为氮源时，生育状况几乎不受 pH 的影响，但有的作物并非如此，如玉米在以硝态氮为氮源时，pH 为 7 时比 pH 为 5 时的生长差。在以铵态氮为氮源时，作物的生长受 pH 影响较大，果菜类作物在 pH 为 7、低氮时较 pH 为 5、高氮时生长良好。还有研究发现，莴苣、鸭儿芹和葱生长在冬季低温或夏季高温下，会因铵态氮较多而发生铵害，但一般情况下，随着培养液温度的升高和铵态氮所占比例的上升，农作物的生长趋向良好。

一般而言，大多数作物在铵态氮浓度高时，会因吸收速度超过同化速度而在体内积累受害。不过，有研究发现，若降低培养液氮浓度，则吸收速度降低。不断补充作物生长所必需的氮素时，即使耐铵性差的作物，铵根离子对其生长也无破坏作用，与普通水培法用硝态氮培养的作物相比，生长几乎是一样的。

据统计，水稻、小麦、大麦对氮肥的当季表现利用率平均在 28%～41%，据此估计，我国农业生产中氮肥的当季表现利用率约为 30%～35%，高产地区可能低于 30%。但不同地区不同作物的氮肥利用率可能相差很大。有研究表明，化肥中氮的表现利用率可达 50%，甚至更高，表现出明显的后效性。有研究者估算了 1961～1993 年间我国不同阶段中农作物对氮肥的利用效率。其结果表明，自 1961 年以来，氮肥的表观利用率呈明显降低趋势，至 1991～1993 年间已降为 39%，这与 1975 年以后氮肥消费量的迅速增加有关。

农作物的氮肥利用率受土壤性质、农作物种类、氮肥品种、施肥法、气候状况等因素影响。凡是影响氮肥转化的土壤因素均可能对农作物氮肥利用率产生影响。例如，土壤氮素状况、水分状况、通气状况、温度、酸碱度、有机质含量、阳离子交换量、氧化还原状态等。不同土壤类型由于其土壤物理性质和化学性质的差异，对肥料氮素的转化、氮肥利用率将会有很大影响。例如，对上海三种不同类型土壤的试验结果表明，氮肥利用率为27%～43%，相差16个百分点。从土壤因素方面来说，土壤氮素状况对作物的氮肥利用率的影响起着主要作用。应用肥料效应方程来研究表明，在超过作物适宜需求量的情况下，作物的氮肥利用率，随着施氮水平的增加而降低，大量的研究结果也证实了这一点。土壤水分状况与氮肥的溶解、水解、吸收、残留、淋溶、逸失有直接关系。有研究表明，在两种相同的施肥水平下，在超过适宜含水量时，作物的氮肥利用率会下降。由于反硝化作用往往在厌氧条件下进行，而硝化作用在有氧条件下进行，土壤的通气状况影响了上述两个与农作物的氮肥利用率相关的重要转化过程。土壤的通气状况有时直接受水分状况影响。

作物在不同生育期对氮素的需求不同。农作物在苗期需氮较少；而在营养生长和生殖生长旺盛期需要吸收大量氮素；但到了生长后期，作物可通过体内养分再动员来满足器官对养分的需求，使该时期需氮量下降，对外部施肥不敏感。生产上往往根据不同时期的需肥特点，确定适宜的施氮量以提高作物的氮肥利用率。研究者用不同基因型的小麦品种作为试验材料，对品种间的氮肥利用率状况进行了研究，结果表明，农作物内不同基因型的氮肥利用率存在着差异。

不同形态的氮肥，其利用率也会不同。研究者在黑土地上，用氮田间微区试验对春小麦做基肥施用的尿素、碳酸氢铵和硝酸钾三种氮肥的利用率研究结果表明，施硝酸钾和尿素的春小麦的氮肥利用率差不多，分别为58.4%和55.9%，但施碳酸氢铵的春小麦的氮肥利用率却只有42.6%，明显低于施硝酸钾和尿素的春小麦的氮肥利用率。

施肥法是影响农作物氮肥利用率的因素之一。有研究表明，水稻尿素层深施和粒肥深施的氮肥利用率高，条施和分次施肥的利用率低。在一般情况下，水稻尿素层深施的氮肥利用率略高于粒肥深施，这是由于尿素层深施的早期供氮情况优越，有利于水稻的早期发育，使氮肥的利用率高。有研究表明，小麦在聚土垄做栽培条件下，尿素45 cm深层施肥比表层施肥显著提高了小麦的氮肥利用率。还有研究得出，稻田使用脲酶抑制剂和硝化抑制剂均可提高尿素氮肥的利用率，并能明显增加水稻产量。

作物的氮肥利用率受气候的影响，同一地点不同季节或不同年际间测得的结果都会有所不同。在弱光照条件下将会降低作物的氮肥利用率。在保持耕作体系的土壤中，土壤的理化性状和生物环境与传统耕作的不同，该体系更有利于氮的固定、反硝化作用和淋溶过程，而不利于氮的矿化和硝化作用，因此作物氮肥利用率会降低。但也有研究认为该条件下的作物氮肥利用率会因土壤中的硝态氮淋溶减少而提高。

第三节　旱作水稻的生态适应性

一、旱作水稻的发展与作用

（一）我国发展节水型稻作的必要性

水稻是世界粮食作物中栽培面积和总产量仅次于小麦的最主要的细粮作物，也是我国人民喜爱的主要细粮作物。水稻在我国种植的区域分布广阔，北起黑龙江省的黑河市，南至海南省的三亚市，东由黑龙江省乌苏里江河口的抚远县，西抵新疆的疏附县。在西南部山区以及西藏南部峡谷区，稻田分布的上限甚至可达海拔 2670 m 左右，但其中 90%的稻田分布于淮河以南的亚热带地区。

我国水稻的种植面积约为 3000 万公顷，仅次于印度，约占亚洲水稻种植面积的 31%，总产量约占世界总产量的 34%。但是，水稻种植一般是淹水栽培，其耗水量巨大，每公顷用水可达 6000～10838 立方米，水资源浪费严重。

水是农业的命脉，也是整个国民经济和人类生活的命脉。水资源状况和利用水平已成为评价一个国家、一个地区经济能否持续发展的重要指标。我国是一个人均淡水资源严重短缺的国家，我国的淡水资源总量只有 2.8×10^{4} 亿立方米，人均水资源量只有 2310 立方米，属 13 个贫水国之一。农业是我国的用水大户，占全国总用水量的 80%。农业生产最易受干旱缺水的困扰，而占农业用水 65%以上的水稻更是首当其冲。随着灌溉农业的发展和水资源紧缺问题的日益突出，实行节水灌溉和提高水分生产率已成为当今灌溉科学的主要问题，也成为水稻生产达到高产、节水、优质、高效目标的重要方式。

发展节水型稻作是适应我国国情的必由之路。第一，我国北方稻区和南方丘陵稻区旱灾频繁，每年均有因旱灾而造成水稻减产的情况，在大旱年份，减产更多甚至绝收；第二，我国各稻区因水源不足而不能种稻或不能保证收成的田地面积约有 670 万公顷；第三，不科学的淹水灌溉，使稻田中相当一部分化肥、农药随排水进入河流，成为江河湖泊污染的重要原因；第四，随着水资源有偿利用措施的执行，传统淹水灌溉用水多，大大增加了稻作成本；第五，随着我国工业化进程和市场经济的发展，行业间的用水矛盾日益尖锐，水作为商品，必须遵循优先供给人民生活用水和逐渐增加工业用水比例的用水原则，这使水稻生产用水难以得到保证。

旱作水稻是一项节水型的稻作技术。节水稻作所包括的技术内容主要有生物节水、农艺节水、化学节水、工程节水及管理节水等。水稻旱作是包括农艺节水、管理节水等技术内容的节水稻作技术。水稻旱作与水稻插秧栽培是两种不同种植方式，水稻旱作也不同于淹水旱直播。水稻旱作是种子不经育苗和插秧，而是在旱整地条件下进行旱直播，全生育期实行旱管理，其他如施肥、除草、防治病虫害等田间作业均在旱田条件下进行，水稻全生育期所需水分通常以自然降水为主。生产上通常把水稻移栽入大田后靠自然降水而不进行淹水灌溉的栽培技术也称作水稻旱作。

水稻旱种与旱直播或水稻旱作有明显差别，旱直播只是水稻旱种的内容之一，而不是全部内容。水稻旱种全称应是“水稻旱种、苗期旱长”，包括了以下三个方面的内容：一是旱直播；二是苗期旱长；三是中后期管理依靠灌溉和雨水，田面建立水层或进行湿润灌溉。水稻旱作一般指在旱作条件下，像种玉米、小麦等旱作物一样种植水稻，以依靠雨水为主，辅之以人工灌溉，中后期大约保持土壤含水量在田间持水量的80%左右，与东南亚一带的雨养稻或望天田稻基本相似。

水稻的生理需水主要是以蒸腾作用散失的。水稻体内有通气组织，可以在渍水的土壤条件下生长。但水稻的生理需水并不高，蒸腾系数虽高于玉米、高粱等作物，但与麦类、棉花、油菜等作物相近。

耗于棵间蒸发和稻田渗漏的生态需水在水稻需水总量中占有相当大的比例。水稻具有半水生性特点，其生理需水量只有其需水总量的30%～40%，生态需水量却占60%～70%。因此，在满足水稻生理需水条件下实行旱作栽培是可行的。而且水稻具有的水陆两种特性使水稻能够在旱作条件下正常生长发育。第一，从稻属植物的起源和栽培稻种的分类上看，水稻有适于淹水和旱生的不同种性，野生稻的祖先长期生长在季节性淹水的沼泽地里，使水稻有适应淹水和湿润的两重性。第二，水稻有通气组织，而陆稻淹水栽培时，也能产生通气组织；第三，陆稻比水稻根粗，水稻比陆稻根多，多数陆稻抗旱性强，有些水稻根不太粗，但是也有抗旱性较强的。第四，陆稻是从水稻演变而来的，水稻和陆稻虽然在分类上属于不同的栽培类型，但现在种植的各变种中，都有水稻、陆稻两种栽培类型。第五，水稻在淹水条件下栽培只是适应其生态环境，而不是水稻在生理上需要很多水分，有些水稻品种比陆稻的需水量还少，耐旱性比陆稻还强，在生态需水不足的条件下，只要满足水稻的生理需水，就能正常生长。

(二) 旱作水稻的发展概况

水稻实行旱作栽培的种植形式在泰国、缅甸、印度、孟加拉国、印度尼西亚、斯里兰卡等多雨量地区已有数百年的历史，在大洋洲、欧洲、南北美洲的一些国家也有种植。水稻旱作实际上是水稻旱种的一种形式，即“旱种旱管”。就水稻旱种而言，20 世纪 70 年代初，我国为适应北方地区连续干旱的生态环境，开始研究推广水稻旱种技术。北方水稻旱种在 20 世纪 80 年代发展很快，北方 13 个省（市）的应用面积达 16 万公顷。但到 20 世纪 80 年代后期因技术、物资等方面的原因水稻旱种的面积急剧缩减。为提高水稻旱作的保水、增温、保肥性能，增加作物产量，通常利用地膜覆盖的方法实行水稻覆膜旱作，即用厚度为 0.005～0.01 mm 的透明超薄或低压高密度薄膜覆盖在地面，把水稻从传统的淹水栽培改为旱地栽培，整个生长季节田面不建立水层。

自 20 世纪 60 年代以来，水稻覆膜旱作技术得到了重视和发展。日本是世界上最早进行水稻覆膜旱作研究的国家。20 世纪 70 年代末至 80 年代初，我国东北的辽宁、吉林、黑龙江等地引进日本的地膜覆盖水稻旱作栽培技术，并进行了较详细的研究。在 20 世纪 70 年代末至 80 年代末，我国东北三省的水稻旱作栽培推广面积达 4 万余公顷，水稻每亩产量达 300～500 千克，取得了较好的经济效益和社会效益。从 20 世纪 80 年代末至 90 年代末，我国安徽、江苏、湖北、陕西、山西、浙江、四川、云南等地相继开展了水稻覆膜旱作的研究、示范和推广工作。有研究表明，水稻覆膜旱作有明显的节水增产效果，与不覆膜的水稻旱作相比，不同地区增产幅度为 18.4％～62.2％；与普通灌溉水稻相比，可节水 35％～67％，同时可明显减少除草剂和农药施用量及施用次数。还有研究表明，水稻覆膜旱作增产节水效果明显，可使水稻增产 0％～20％，节水 50％～70％，节肥 40％～60％，节省除草剂 80％～100％，节省农药 20％～40％，节省种子 50％～70％等，水稻覆膜旱作每公顷大约可增收 1300 元，具有良好的社会效益和经济效益。

二、旱作水稻的营养生理

(一) 旱作水稻的生长发育与生理特点

1. 旱作水稻体内激素含量的变化

旱作水稻栽培技术的可行性很大程度上取决于水稻的抗旱能力，内源激素作为信号物质在水稻对土壤干旱的感知、对旱作条件的适应以及保证高产等方面起着关键的作用。研究者以杂交稻汕优 63、常规稻武育粳和旱稻 85-15 为材料，分别研究了旱作处理与水作处理的水稻体内 ABA（脱落酸）、IAA（生长素）、GAs（赤霉素）、CTKs（细胞分裂素）在全生育期内的变化规律。其结果表明，旱作条件下水稻根、叶的 ABA 都显著增加且各品种均呈现一定的规律性。旱作水稻的根、叶中 GAs 的变化规律与 ABA 的变化规律相似。旱作水稻叶中 IAA 在苗期增加，而根中的 IAA 先减少后增加，后期 IAA 逐步减低。苗期旱作水稻叶中 CTKs 增加而根中 CTKs 减少，后期差异不大。旱作条件下的气孔行为可能由 ABA 和 IAA 共同调控。旱作水稻的侧根可能是因为根系中 IAA 增加及 CTKs 降低导致的。

水分胁迫影响着农作物体内的激素含量。有研究表明，干旱 30 天的新老叶片的 ABA 的含量在初期增加，随着干旱时间的延长，叶片 ABA 含量又逐渐降低。有研究认为，内原 GAs 活性可能因水分亏缺而下降。一般认为 ABA 是对干旱胁迫最敏感的激素，是根源逆境感应信号。还有研究认为，在水分亏缺条件下，除 ABA 外，IAA、CTKs 等多种激素也主导和参与调控多种旱作后植株的生理生化适应性反应。

杨建昌人等以粳稻武育粳 3 号和杂交稻汕优 63 为材料，研究了覆膜旱种水稻籽粒灌浆特性与灌浆期籽粒中激素含量的变化。其结果表明，灌浆前期籽粒中的 IAA、ZR（玉米素核苷）、ABA 含量强势粒高于弱势粒；与常规种植相比，旱种水稻籽粒中 IAA 和 ZR 含量减少，灌浆前、中期 ABA 含量明显增加，这种差异主要表现在弱势粒上；旱种水稻籽粒中 ABA 含量的增加或 IAA 和 ZR 含量的减少是灌浆期缩短和粒重减轻的生理原因，调节籽粒中 ABA 与 IAA 比值，有望增加旱种水稻的粒重。

2. 旱作水稻的生长发育状况

生育期延迟是旱作水稻生长发育最显著的特点，旱作水稻生育期延迟是在齐穗前，也就是营养生长与生殖生长并进期。旱作水稻分蘖数增加，有效分蘖百分比降低，覆膜后分蘖数增加更多，而且分蘖早、分集节位低，但分蘖阶段拖长。不过，也有水稻实行旱作栽培后出现分蘖减少的现象。水稻旱作后根系和地上部形态发生变化，这与其抗旱性有密切关系。

据报道，最长根长、根粗、根冠比、叶片水势与水稻抗旱性呈正相关，而根数与抗旱性呈负相关。水稻旱作后组织结构发生明显的变化，与水田栽培相比，旱田条件下根的内皮层占根粗的比例、大导管直径、大小导管的面积总和均显著增加，而大导管的数目、小导管的直径依据品种不同，结果各不相同。周殿玺等人研究表明，无论水稻还是旱稻，旱作后叶片叶肉细胞的平均分枝数均有多于水作的趋势，这可能是对光合细胞面积下降的一种补偿和适应性反应。

杨孔平等人研究发现，水稻旱种生育期延长，中、上部叶的伸出延迟 1 或 2 天，基部 4 片叶功能期延长，主茎叶增加 1 片，株高降低，增加了维管束数，减小了茎腔比与气腔，主穗生产力的伸缩性比水种时大，产量潜力比陆稻大。有研究发现，麦茬旱作水稻刚露尖的可见心叶与内部正在分化发育的叶、穗有显著的相关性，并呈现一定规律。

梁永超等人研究表明，地膜覆盖可有效促进水稻的生长发育，不论是水稻还是陆稻，覆膜条件下植株株高、叶龄、叶面积指数、分蘖数和地上部干物质均显著超过未盖膜的旱作水稻。覆膜旱作水稻根系特征明显，不同于淹水栽培的水稻，分蘖后期根长度是裸地旱作的 1.38 倍，而拔节期则与裸地旱作无显著差异。有研究表明，与不覆膜相比，旱作覆膜水稻根部生物量增加，10～30 cm 土层根的分布率增加并呈现深根化趋势，根部还原力在水稻生育前期有较大幅度提高。杨建昌等人以杂交稻汕优 63 和覆稻镇稻 88 为材料，研究了覆膜旱种水稻的生长发育与产量形成的特性。其结果表明，与常规栽培相比，旱种水稻在有效分蘖临界期前分蘖发生慢、叶面积指数小、干物质积累少，在拔节期则相反。旱种水稻的各节间长度、分蘖成穗率、粒叶比、灌浆中后期的叶片光合速率、成熟期干物质积累量均小于常规栽培，但抽穗期的根干重、根冠比、灌浆前期的根系活力、平均灌浆速率、物质运转率和收获指数则高于常规栽培。旱种水稻的每穗粒数少于常规栽培，单位面积的穗数则多于常规栽培。结实率与常规栽培无显著差异。就旱种水稻的粒重和产量来说，汕优 63 与常规栽培无显著差异，镇稻 88 则显著低于常规栽培。

3. 旱作水稻的倒伏问题

水稻旱作后在一些地区或年份容易发生倒伏现象。刘立军等人以杂交稻汕优 63 和粳稻 9516 为材料，研究了旱种水稻倒伏的原因。其结果表明，旱种水稻的倒伏率明显高于常规水稻，使得产量明显下降。旱种水稻基部节间充实程度、茎秆厚壁组织细胞壁和表皮硅质层厚度、基部节间可溶性糖含量及植株的生理活性均不及常规水稻。施用钾肥能提高旱种水稻植株的生理活性。我们要增加抽穗期和成熟期基部节间可溶性糖的储存，增加茎秆厚壁组织细胞壁及表皮硅质层厚度，提高茎秆基部节间充实程度，增强抗倒伏能力，最终提高旱种水稻的产量。孕穗期去$\frac{1}{2}$叶，将造成旱种水稻倒伏。其原因在于孕穗期去$\frac{1}{2}$叶后，因旱种水稻早衰，影响了水稻基部节间的充实。

杨建昌等人研究认为，旱种水稻的植株变矮，各节间特别是基部节间缩短，节间的粗度与水种稻无显著差异，节间的结构不是旱种稻易发生倒伏的原因。而且旱种水稻茎鞘储存物质的运转率、物质运转率和收获指数均明显高于水种稻。物质运转率高的积极意义是提高物质生产的经济利用效率。茎鞘物质过多的利用可能是旱种稻易发生倒伏的原因之一。

4．旱作水稻的生理特征

旱作水稻是通过改变自身的形态、生理生化适应性等来适应干旱胁迫的，其生理特征的变化是水稻实行旱作栽培后的主要特点之一。范晓荣等人研究认为，旱作水稻叶片 NRA（硝酸还原酶活力）显著高于根部，其他旱地农作物也有相似的表现，这说明旱作水稻的叶片是硝态氮还原的主要场所；旱作水稻体内的 MDA（丙二醛）含量略高于水作水稻。杂交稻叶片的 MDA 最少，常规稻叶片的 MDA 含量最高，说明杂交水稻对水分亏缺的忍耐力要强于常规稻。

一般认为，细胞质膜是水分或干旱胁迫的原始和主要部位，质膜透性增加很可能是膜脂过氧化作用强所致。梁永超等人研究表明，水稻分蘖期、拔节期覆膜旱作的水稻叶片 APX（抗坏血酸过氧化物酶）和 POX（过氧化物酶）活性显著高于无膜旱作的水稻。覆膜旱作的水稻叶片水分受干旱胁迫的程度、膜脂的过氧化伤害显著轻于无膜旱作的水稻。

旱作条件下水稻的生理变化还表现为随叶片水势的下降，光合作用的速度下降，这与气孔关闭，进入叶片的二氧化碳减少有关，还与严重水分胁迫下水稻叶肉细胞光合能力的降低有关。李长明等人研究认为，水稻抗旱性强弱与叶片的 SOD 和 CAT 活性的升高呈正相关。抗旱性强的品种，其 SOD 和 CAT 活性有随含水量降低而升高的趋势。吕凤山等人研究认为，陆稻品种的抗旱性是通过一些生理生化指标表现出来的，但应从整个生育时期来确定各指标与抗旱性的关系。水分胁迫下，发达的根系是出苗壮苗的基础。根冠比是苗期抗旱性鉴定的一个重要指标。离体叶片保水力具有较强的遗传性，是比较好的水分状态指标，电导率、可溶性糖和游离脯氨酸含量适合育种工作后期阶段抗旱性鉴定的细筛指标。

植物水分利用率是反映农业生产中农作物能量转化效率、评价农作物生长适宜度的综合指标，与净光合速率成正比、与蒸腾速率成反比。黄文江等人研究表明，水分亏缺情况下，农作物蒸腾量显著下降，光合速率下降不显著；旱作水稻水分利用率较常规水稻高，在不同含水量条件下，常规栽培、覆膜旱作、露地旱作三种栽培方式的日平均净光合速率、叶绿素含量和叶片呼吸强度差异不显著，但根系呼吸强度差异极显著，表现为覆膜旱作高于无膜旱作，无膜旱作高于常规栽培。梁永超等人研究认为，水稻覆膜旱作与不覆膜处理相比，前者降低了水稻叶片的细胞汁液浓度、细胞质膜透性，从而缓解了水稻植株的水分胁迫程度。

（二）旱作水稻的氮素营养特性

1. 水稻旱作栽培后土壤中氮素的变化状况

氮元素是农作物生长过程中必需的大量元素之一。作物自身的氮素需求状况、吸氮能力以及土壤的氮素供应状况决定着作物的氮素营养水平，而作物的氮素营养又与氮肥施用及氮素管理直接相关。作物的氮素营养是作物吸氮特性、土壤供氮能力、氮肥肥效、作物产量水平等因素的综合反映，受作物种类、土壤类型、气候状况、栽培措施等方面的影响。因降雨量在地区间、季节间、年度间分配不均，以及受水源多少、引水灌溉难易等影响，不少稻田的水稻产量低且不稳定。在这种情况下，旱作水稻的推行显得尤为必要，这为水源不足地区、低洼易涉旱作区、干旱所致缺水地区扩种水稻、减少灌溉用水、加快种植业结构调整、提高农民收入有着重要意义。水稻-小麦轮作制度是我国南方稻田生态区和亚洲一些国家普遍采用的一种水旱轮作耕作制度。水稻实行旱作栽培后，稻麦轮作生态系统的作物氮素营养将受到直接影响，而这一问题不仅关系到稻麦轮作周期的作物产量水平，而且还关系到农业的发展和环境的保护。研究探索旱作水稻-小麦轮作生态系统中作物的氮素营养问题是十分必要的。

根际土壤是植物根周围很小的土壤环境，是在物理、化学、生物特性上不同于原土体的特殊区域。根际微域内的养分被认为是生物有效养分，能直接被作物吸收利用。水稻根际土壤铵态氮和硝态氮的变化被认为同时受到吸收和供应两方面的因素影响，起主要作用的是水稻根系的吸收能力。水稻是喜铵作物，在传统的淹水条件下，水稻土中的氮以铵态氮为主，水稻吸收的氮也主要是铵态氮。不过，有研究表明，在生殖生长时期，施用硝态氮比铵态氮能更有效地提高水稻体内的正常生理代谢。这说明水稻不仅是个喜铵作物，在旱作条件下水稻也能以吸收硝态氮为主。

石英等人应用根际培养箱的方法对半腐解秸秆覆盖后，旱作水稻在不同施氮量条件下根际土壤中铵态氮和硝态氮的动态变化进行了研究。结果表明，在水稻移栽前 20 天内，根际铵态氮和硝态氮的含量基本接近，但以铵态氮为主；移栽 20 天后的生育期内，各施氮处理土体中铵态氮都低于 5 mg/kg，而硝态氮均在 15 mg/kg 以上；土壤的硝化作用活性随根区的距离增加而降低，水稻植株根部的硝态氮含量大于叶部的，其硝酸还原酶的活性却相反。由此可以说明，旱作水稻在整个生育期吸收的氮素形态主要是硝态氮。

水稻覆膜旱作是利用地膜的保水增温特性对旱作水稻采取的一种保护性栽培方式。水稻覆膜旱作由于从湿地生态系统转变为旱地生态系统，水分、热量等土壤条件尤其是土壤氧化还原状况发生了根本性的改变，并引起了土壤养分转化等变化。日本千叶县农场的试验表明，水稻覆膜旱作后土壤中无机氮比无膜增加6%～30%，同时增强了硝化作用。日本有关研究资料表明，水稻覆膜旱作栽培，有效地抑制了土壤中硝态氮的流失，10 cm 土层硝态氮的变化很激烈，而 20 cm 和 30 cm 土层变化不大，但覆膜旱作水稻的生育后期土壤氮素供应能力趋于下降。研究表明，水稻旱作覆膜后稻田 0～10 cm、10～20 cm 土层的铵态氮含量比无膜的均约提高了 2.6 倍，铵态氮含量分别提高了 1.8 倍和 1.4 倍。

2. 旱作水稻的氮素营养状况

氮素养分是水稻生长发育和产量构成的最重要的营养元素之一。水稻对氮素养分的吸收利用，既受遗传特性影响，又受不同土壤、肥料、施肥方法、栽培管理和环境条件的影响。水稻对氮肥的利用率主要是与作物对氮肥的吸收有关，一般认为常规栽培的淹水水稻对氮肥的利用率最高。水稻在旱作条件下，由于水稻植株前期生长滞后，分蘖期生长速度快，后期衰老比水作水稻出现迟，通常表现为分蘖时对氮肥的利用率最高。Katyal 等人通过对淹水和泥浆等不同水分条件下的氮肥损失研究得出，湿土氮肥损失达 30%～50%，而干土氮肥损失则低于20%。由此可以说明，水稻在旱作或水分不足条件下氮肥的损失率要小于常规淹水栽培。

郑丕尧等人的研究表明，水稻旱种条件下，不论水稻还是陆稻，全糖、全氮含量均高于水作栽培，醇溶糖占全糖的比例较高，而碳氮比则较低。有研究也表明，旱作水稻的氮素营养以硝态氮为主，其各部位的含氮量均大于水作；旱作水稻的氮素吸收、累积主要在拔节期以后，而水作水稻从移栽后就大量吸收氮素，灌浆期后很少吸收氮素。研究证实，旱种稻地上部器官全氮与可溶性糖的含量都较高。研究还得出，除水稻收获期外，旱作覆膜水稻的含氮量高于水作栽培，而且连旱作覆膜未施氮处理的水稻的含氮量也非常高。

梁永超等人用反射仪对旱作水稻植株中硝态氮的含量进行了研究。他们发现麦秸和地膜覆盖旱作水稻孕穗初期茎基部硝态氮的含量高达 680～2010 mg/kg，而水作水稻茎基部硝态氮的含量仅为 30 mg/kg。由此表明，水稻虽为喜铵作物，但在旱作条件下其体内硝酸还原酶活性可受硝酸根离子的诱导而增强，也能吸收利用硝态氮。研究者对杂交稻及常规稻在旱作栽培条件下的氮素吸收特性进行了研究。其结果表明，无论旱作水稻还是水作水稻，抽穗期杂交稻比常规稻的氮素吸收量多并有利于叶面积指数的增加。抽穗后至成熟期氮素吸收量是杂交稻多于常规稻。杂交稻叶片衰老慢、叶面积指数高。另外，杂交稻的氮素利用效率（干物重吸氮量）无论旱作水稻还是水作水稻都高于常规稻。在旱作条件下，虽然杂交稻的氮素吸收量多，但叶、叶鞘、茎以及穗各结构的含氮量却比常规稻低。旱作条件下，杂交稻出现株高变低、无倒伏的现象与结构中含氮量降低有关。

第四节　施肥位置与氮肥肥效

合理的施肥位置不仅可以维持根圈养分平衡，减少养分的流失，而且还可以避免对种子和根的损伤，使难以移动的养分容易被作物吸收利用。施肥位置的效果与肥料成分在土壤中的移动性、根系的分布、根的生理生态功能等有关。施肥位置的不同直接关系到肥效的发挥、作物产量的高低及品质的优劣，同时给生态环境带来不同的影响。氮肥的施肥位置与施用方法对作物吸收利用肥料氮和土壤氮的数量以及作物生长发育等都有很大的影响。农田中氮肥的去向，特别是损失的程度和途径，以及减少损失、提高其增产效果的对策研究，一直受到国内外学者的广泛关注。

20世纪70年代由于石油危机，化肥价格显著增高。IRRI（国际水稻研究所）、IFDC（国际肥料发展中心）等研究单位为了提高氮肥的肥效，在日本、美国、印度、菲律宾、泰国等国家实施了施肥位置的联合试验，针对两季和旱季对液态尿素条施、尿素球肥和大粒尿素深施、包裹尿素基肥全层深施、尿素基肥追肥表层分施进行了对比试验研究。除此之外，他们在施肥位置与肥料成分的运移方面开展了施肥位置与氮的释放、施肥位置与氨的挥发、施肥位置与反硝化作用脱氮、施肥位置与硝态氮的淋溶、施肥位置与稻田水面氮的流失、施肥位置与旱地土壤氮肥的硝化作用、施肥位置与肥料成分在剖面中的分布等研究。他们还在施肥位置与肥效调节方面开展了施肥位置与肥料成分的吸收利用、施肥位置与作物的发芽出苗及生长发育、施肥位置与土壤类型、施肥位置与磷肥的肥效和残留、施肥位置与作物产量等研究。同时，他们开展了施肥位置与生物固氮的研究。Roger等人研究认为，深层施肥不仅可减少氨的挥发，而且有利于有固氮能力的蓝绿藻的生长，使稻田有较多的大气氮的补给。

日本是对施肥位置的研究进行得最好的国家。第二次世界大战后日本在水稻方面便开始了水稻球肥深施技术的研究。由于机械化施肥在生产上的大量应用，日本于20世纪60年代进行了水稻下层施肥和深层追肥、旱作的侧条施肥研究，在20世纪70年代在水稻方面进行了水稻栽秧同时的局部施肥法的推广、研究，在20世纪80年代，由于氮肥施用不当，滋贺县琵琶湖富营养化问题日益严重，为防止这一带河流、湖泊的水质污染，侧条施肥技术在日本得到普及应用，日本并对这方面做了相关技术研究，到了20世纪90年代以后，日本开展了利用缓效性包裹肥料进行全量基肥施法技术的研究。

日本从20世纪50年代至今，对水稻、小麦、玉米、马铃薯、蔬菜等在全国广泛开展了施肥位置的研究。日本土壤肥料学会也相继在1981年和1992年进行了两次施肥位置的专题研讨会，并对施肥位置进行了分类：从水平方向分为全面施肥、条施肥、点施肥；从垂直方向分为表面施肥、上层施肥、下层施肥、全层施肥；从与作物种子间的位置分为种肥、侧条施肥、隔土施肥。肥料施用的位置由施入土中的深度、幅度、与播种行的距离三方面来确定。在日本，由于机械化在施肥上的应用，现在基肥都采取侧条施肥或隔土施肥，追肥采取深层追肥，这样大大提高了肥料利用率，减少了施肥量和肥料有效成分的流失，增加了作物的产量。

肥料施用当中氮肥施用问题是研究的重点，氮肥深施是施肥位置的核心，我国在这方面也开展了许多研究。我国通过对施肥位置的研究曾总结出基肥撒施耕翻入土、追肥开沟开窝深施法。在水稻方面开展了“以水带氮”深施技术研究，提出了“犁沟条施做基肥、以水带氮做追肥”的施把技术。王守林、曹志洪等人在水稻方面进行了不同土层施肥及条施、穴施、分施的对比研究。

我国对氮肥的合理施用开展了许多研究工作，在农作物对土壤氮素的依赖性、土壤供氮量、稻田与旱作土壤中氮肥的氮素损失等方面，取得了不少新的研究进展。朱兆良等人研究认为，石灰性稻田土壤氨气挥发量大，是造成氮素总损失远高于酸性稻田土壤的根本原因。徐志红等人的研究结果表明，尿素粉肥条施可以起到尿素深施的作用，其肥效高于粉肥或粒肥深施，且肥效随着粒肥粒径的增大而降低。王岩等人对有机肥（兔粪、尿）和化肥（硫酸铵）的残留氮的有效性的研究发现，其肥料残留氮在下季作物上的后效很低。张起刚等人的研究结果表明，增施磷肥对氮肥回收率的提高远高于增施氮肥本身。

合理的施肥位置不仅可以维持农作物根圈养分的平衡，减少养分的流失，而且可以避免对种子和根的损伤，使难以移动的养分容易被作物吸收利用。施肥位置的效果与肥料成分在土壤中的移动性、根系的分布、根的生理生态功能有关。施肥位置的不同直接关系到作物吸收利用肥料氮和土壤氮的数量以及作物的生长发育，对肥效的发挥、作物的产量都会带来影响。施肥的具体位置必须根据作物的种类、肥料形态、土壤特性、地理位置等来确定。

肥料的施用与作物产量、农产品品质、土壤培肥以及环境保护密切相关。合理施肥是发挥作物生产潜力和肥料增产效应，达到促进粮食生产持续增长以及加速农业发展的根本手段之一。合理施肥受施肥方法、作物的种类、土壤特性、地理环境等综合因素的影响。垄作能加厚松土层，增大日光的照射面积，提高地温，有利于排水，改善土壤的通气性能，促进作物生长，因此其在农业生产中得到广泛应用。化肥深施是提高肥效、实现合理施肥的一条有效措施。氮肥深施是一种提高肥效的有效措施。氮肥深施深度受作物种类、氮肥品种、土壤、降雨、耕作管理等影响。确定深施的适宜深度是其研究的核心，针对基肥深施在侧条施肥、种肥伴施、穴施等方面已有不少研究。

近年来，旱地聚土免耕垄沟立体种植技术在全国各地，特别是西南地区得到了大面积推广应用，取得了显著的效益。国外在作物垄作栽培技术上的研究起步较早，20 世纪 40 年代已有关于作物垄作技术的研究。近年来作物垄作技术已由原来雨量稀少而多暴雨的半干旱地区扩大到热带草原，由中耕作物扩大到麦类作物，由旱地农业扩展到灌溉农业。目前，美国约有 50%的耕地采用以起垄、覆盖、少（免）耕为特点的保持耕作法。我国自 20 世纪 80 年代以来陆续开展了水稻、玉米、油菜、大豆、棉花、花生等作物垄作栽培技术研究，均取得了良好的效果。垄作栽培可在起垄时将基肥埋入垄底或随播种以种肥形式施入土壤，但追肥时灌水是沿垄沟渗灌至垄顶，因此不能在垄顶作物生长区施肥，否则极易造成烧苗现象。垄上条播作物后追肥应沿垄沟条施，随水分的入渗慢慢进入垄的底部，做到既不破坏土壤结构，又达到根区施肥的目的。

王法宏人等调查发现，同一个机井、同一台机器、浇灌同样大小的麦田（4 公顷），传统平作需 5 天，而垄作仅需 3 天，垄作比平作节水 40%。赵允格等人研究表明，在平地施肥条件下，硝态氮可被淋溶至 90 cm 以下的土层；而成垄压实施肥可明显减少施肥区硝态氮随入渗水分向土壤深层迁移至 60 cm 以下土层，土壤中硝态氮的含量小于 10 mg/kg，硝态氮主要累积于近地表 20～40 cm 土层，该土层土壤中硝态氮的含量约为 80～90 mg/kg，成垄压实施肥法局部存在的大容重障碍层对作物生长发育无影响。高明等人研究认为，稻田长期垄作免耕，水稻根系数量、白根率、根系活力比常规平作和水旱轮作高，分蘖时间早，垄作免耕水稻的株高、茎粗、穗长、穗粒数增加。垄作免耕改变了土壤的物理、化学性状，土壤容重、土壤养分含量明显提高。垄作免耕有利于提高作物产量、培肥地力、改善土壤生态环境。

第三章　氮素与农田生态系统

第一节　主要农田生态系统的氮素循环及环境效应

地处长江三角洲的太湖流域和黄河下游的华北平原是我国 20 世纪 80 年代以来人口增长、工农业发展最快的地区。氮肥的大量投入、集约化养殖业的迅速发展和化石燃料的快速消耗极大地扰乱了自然界的氮素循环，引起了严重的地表水富营养化、地下水硝酸盐污染、酸雨及土壤酸化、温室气体排放和大气污染等生态环境问题，影响了人类健康和生态系统的正常功能。

虽然过去对水稻-小麦轮作系统和小麦-玉米轮作系统的氮素循环及土壤氮素的化学行为已有不少研究，但大都比较分散，缺乏系统性，很难对这些结果进行整合。“主要农田生态系统中土壤氮素循环、化学行为和生态环境效应”子课题的主要任务是定点原位观测两个轮作系统进入农田化肥的氮去向及非肥料源氮（大气干湿沉降氮、灌溉水带入氮、非生物固氮）的数量，特别是确定主要损失途径。同时，定量评价其农学和环境效应，并进行模型整合，为两个代表性农田系统氮肥的优化管理提供理论基础。

一、三种典型作物的氮肥去向与用量的关系

两个生态区分别用 ^{15}N 示踪法研究了氮肥利用率、残留率（肥料氮在 0～100 cm根区土壤的残留）和总损失与氮肥用量的关系（如图 3－1）。

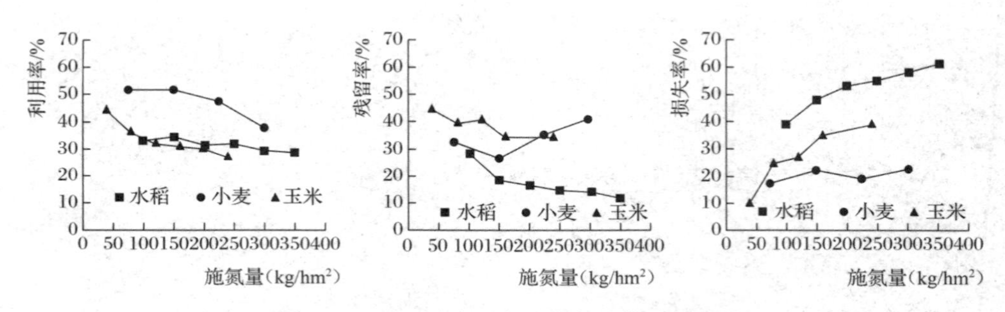

图 3—1 农田中氮肥的去向与施氮量的关系

由图 3—1 可以看出，随着施氮量的增加，三种农作物氮肥利用率均下降；水稻、玉米的损失率增大，小麦的损失率保持在 20%左右；水稻、玉米的残留率减小，小麦的残留率有增大的趋势。总体来看，稻田氮肥利用率低、损失率高，旱地利用率高、损失率低；华北玉米季氮素损失量随施氮量的增加远高于小麦季。水稻、玉米种植投入的氮肥更容易损失，不容易在土壤中残留，而小麦种植系统则相反。这可能是由水稻、玉米生长季雨热同期、氮肥更容易发生气态或淋溶损失造成的。

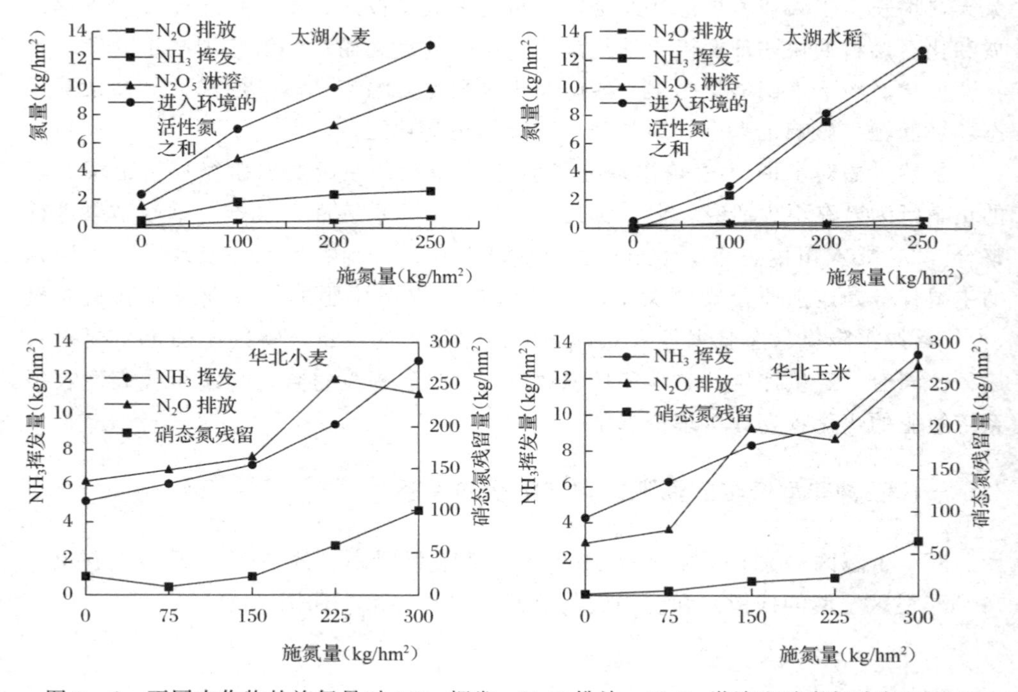

图 3—2 不同农作物的施氮量对 NH_3 挥发、N_2O 排放、N_2O_5 淋溶和硝态氮残留的影响

对损失途径的田间原位观察（如图 3－2）结果表明，随施氮量的增加，太湖水稻季 N_2O 排放量和 N_2O_5 淋溶量增加很少，NH_3 挥发量增加很多（是活性氮的主要部分）；太湖小麦季 N_2O 排放量微弱增加，NH_3 挥发量缓慢增加，N_2O_5 淋溶量很快增加（是活性氮增加的主要部分）。这主要归因于两种作物种植季的生态环境条件。华北小麦季随施氮量的增加，NH_3 挥发量显著增加，N_2O 排放量呈现先增加后平缓的趋势，土壤硝态氮残留量（反映淋溶趋势）在施氮量超过 150 kg/hm^2 时，呈现直线上升趋势。华北玉米季随施氮量的增加，NH_3 挥发量显著增加，N_2O 排放量也呈现显著增加趋势，土壤残留硝态氮在施氮量超过 120 kg/hm^2 时，呈现直线上升趋势。这种差异也主要归因于两种农作物种植季的生态环境条件。

二、不同农田生态系统化学氮肥的农学和环境效应

研究者分别在两个生态区的同一试验地点对进入水稻-小麦农田或小麦-玉米农田的单位化学氮肥的各种去向和损失途径进行了评价，并在同一代表性田块闭合了单位化肥氮归宿。由于太湖流域和华北平原的气候、土壤和农作制度不同，水稻-小麦轮作农田和小麦-玉米轮作旱作农田中，进入环境的活性氮存在很大差异。针对两个生态区农民传统施肥量和施肥方法进行比较，华北平原是石灰性土壤，NH_3 挥发成为化学氮肥主要的损失途径，其挥发量占施氮量的 23%，远高于太湖水稻-小麦农田。太湖水稻-小麦农田的水稻生长季 NH_3 挥发量只占施氮量的 12%，小麦生长季的 NH_3 挥发量只占施氮量的 3%。华北平原地区由于土壤水分和有机质含量低，反硝化作用损失很低，其损失量只占施氮量的 1.4%，而太湖地区水稻生长季表观反硝化作用损失量可占施氮量的 25%，小麦季也可达 17%。太湖地区水稻生长季 N_2O_5 的淋溶损失量只占施氮量的 0.3%，小麦生长季 N_2O_5 的淋溶损失量只占施氮量的 3.4%，而华北平原地区 N_2O_5 淋溶损失量可占施氮量的 18%。研究发现，硝态氮的残留与淋溶是华北平原小麦-玉米轮作传统水肥管理条件下氮肥损失的重要途径，改变了过去认为北方旱地淋溶损失很少的传统观念。硝态氮淋溶主要发生在大量灌水和强降雨条件下，其他时期主要以硝态氮的形式在剖面中累积。优化施氮可以显著减少淋溶损失份额，但不能减少 NH_3 挥发损失的份额（如图 3－3）。在太湖地区的水稻-小麦轮作系统中，由于水稻生长季和小麦生长季水分管理各不相同以及土壤氧化还原条件的不同，水稻季 NH_3 挥发和反硝化作用氮损失率均高于小麦生长季，而氮的淋溶损失则低于小麦季。由于水稻季气态损失高于小麦季，稻田淹水期土壤氮矿化量高于小麦季。水稻生长季利用了较多的土壤氮，使水稻季土壤残留氮低于小麦季（如图 3－3）。

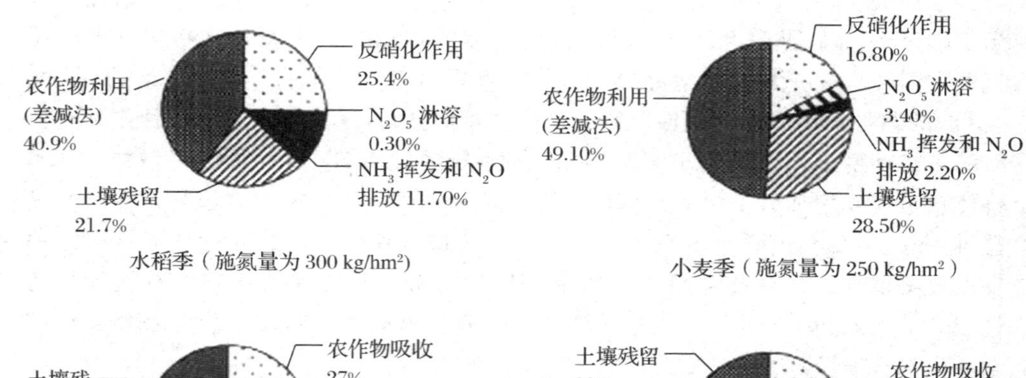

水稻季（施氮量为 300 kg/hm²）　　小麦季（施氮量为 250 kg/hm²）

小麦–玉米传统施肥 600 kg/hm²　　小麦–玉米优化施肥 225 kg/hm²

图 3－3　两个轮作系统中化学氮肥的不同去向的量占施氮量的百分比

目前，两个不同农田生态系统定位观测点所在的区域，一年两季农作物化学氮肥施用量普遍超过 550 kg/hm²。高化学氮肥的投入，虽然保持了相对较高的产量，但带来了氮过量引发的环境问题。在氮肥投入、作物高产和环境可承受这三者之间寻找一个平衡点已是一个紧迫的问题。为此，在两个定位观测点对不同施氮量得到的作物产量和进入环境的氮量进行了对比研究，以期为两个区域的主要农田系统提供适宜施氮量的理论依据。研究发现，作物产量并不随施氮量成倍增加而相应增加，而是缓慢增加或不增加。与此相反，进入环境的活性氮量增加的倍数远远超过产量增加的倍数，有时超过了施氮量增加的倍数。这说明随施氮量超过经济最佳量时，环境代价加重。例如，华北地区小麦-玉米轮作传统施肥的氮肥投入是优化施氮的 4.08 倍，产量仅为 1.03 倍，但进入环境的氮素是优化施氮的 6.83 倍。优化施氮使土壤中的氮素处于平衡状态，传统施氮则使土壤中的氮素处于盈余状态。两个区域的定位观测结果表明，太湖地区水稻-小麦生态系统和华北平原小麦-玉米农田生态系统都存在很大的减少化学氮肥用量的空间。可以在既保证相对较高作物产量的同时，又避免了化学氮肥过量施用给大气和水环境带来的严重影响。未来的农业管理措施应该在最大限度地利用畜禽粪便、作物生产残余物（秸秆）或其他来源有机物和环境养分，在轮作系统中加入豆科植物，增加农业内部物质循环的同时，以化学氮肥作为补充，减少人类农业生产活动中氮素对环境的影响。

三、环境来源氮已成为农田生态系统和水体氮输入的重要组成部分

（一）环境来源氮成为农田氮平衡的重要输入项

以往在计算农田氮平衡时，虽然未考虑干沉降氮，但已把雨水（湿沉降氮）和灌溉水带入的氮列入了农田氮平衡输入项，当时这两部分氮所占的份额很小。但是，在人为活动的强烈影响下，大气干湿沉降氮和稻田灌溉水带入的氮的数量已是今非昔比，考虑到这两部分氮主要来自大气和水体，本书称之为“环境来源氮”。据多年多点观测，从 20 世纪 80 年代到 21 世纪初，太湖地区大气干湿沉降氮已从 15 kg/hm^2 增加到 33 kg/hm^2，灌溉水输入氮已从 15 kg/hm^2 增加到 56 kg/hm^2，这两部分氮都在显著增加；华北大气干湿沉降氮已从 22 kg/hm^2 增加到 88 kg/hm^2，灌溉水输入氮已从 8 kg/hm^2 增加到 11 kg/hm^2，这两部分氮也显著增加。太湖地区水稻生长季河水灌溉输入的氮达 56 kg/hm^2，加上大气干湿沉降氮 33 kg/hm^2，进入农田的环境来源氮可达 89 kg/hm^2（如图 3－4）。华北地区大气干湿沉降氮已达 88 kg/hm^2，加上灌溉水来源氮 11 kg/hm^2，进入农田的环境来源氮可达 99 kg/hm^2（如图 3－4）。带入农田的环境来源氮的形态主要是无机氮和可溶性有机氮，它们与化学氮肥一样都能直接或经转化后被作物利用。这不仅降低了化学氮肥的利用率，也相对地增加了进入大气和水环境中氮的数量，造成恶性循环，而且对如何计算土壤氮的矿化量和农田（特别是稻田）的自生固氮量带来了困难和挑战。

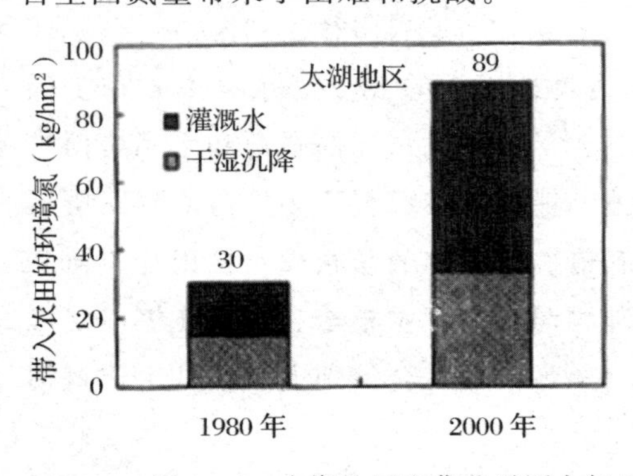

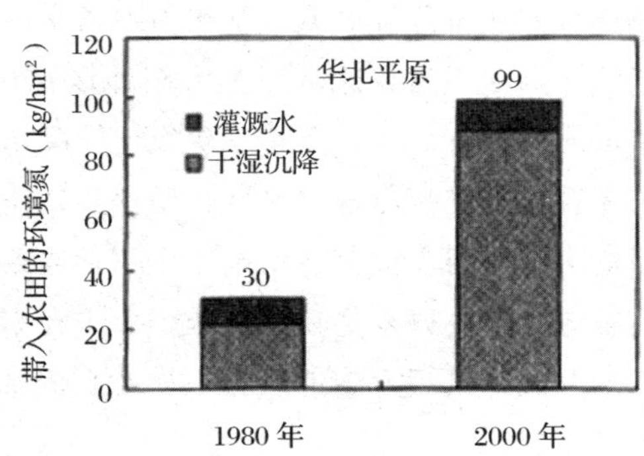

图 3－4　太湖地区和华北平原大气干湿沉降和灌溉水输入农田的氮素数量

（二）大气干湿沉降氮已成为重要的水体氮污染源

自 20 世纪 80 年代后期以来，农村的人和畜禽排泄物已不再用作肥料，而是直接排入水体，成为河湖水体最主要的氮污染源。大气干湿沉降氮则成为仅次于人和畜禽排泄氮的水体氮污染源。为了反映现实的水体氮污染源，本书暂将太湖地区河湖氮污染源分为三类：城市源、农村源和大气源。

城市源包括城市生活污水、造纸、染料、印染、制革、化工、食品加工厂等排放的高浓度氮废水和城市地表径流。农村源包括农村的人和畜禽排泄物及生活垃圾和生活污水中的氮、随农田径流移出的氮、随农田淋溶移出的氮以及水产养殖投入的饵料等。大气源主要包括大气干湿沉降氮的主要组成部分（铵态氮和硝态氮）。铵态氮主要来自人和动物排泄物及施入农田的化肥氮中的 NH_3 挥发到大气后，随降水和降尘降到地表和水面。硝态氮主要来自工业、交通运输业、农业等部门化石燃料燃烧形成的氮氧化物，其次为动物排泄物。另外，农田化肥氮转化过程中形成的 NO_x 排放到大气，也随降水和降尘沉降到地表和水面。

太湖地区这三类污染源到底输入了多少氮到河湖水体？因为未能掌握太湖地区各城市按行业分类的确切废水处理数据，所以对城市源中的工业废水排放到流域水体的氮未做计算。城市生活污水中最主要的构成即城市居民排泄物氮一并计入了农村源的人类排泄物氮中。我们通过调查、定点观测和利用各地区的基本统计资料，计算得出农村源和大气源对太湖地区水体氮污染的数量及其相对贡献（表 3－1）表明，除工业废水带入的氮未计算外，目前太湖地区水体氮污染源主要来自人和畜禽排泄氮，其次为大气干湿沉降氮，通过农田径流和淋溶进入水体氮的比例并不高。这是因为太湖地区稻田占耕地面积的 87%，水稻生长季要保持水层，筑有田埂，只有一次或连续降水达到 50～100 mm 的暴雨和水稻烤田排水才有农田径流出现。另外，稻田长期淹水，硝态氮形成量不多，淋溶到下层后因地下饱和层土壤存在反硝化作用，导致硝态氮淋溶出的量很少。稻田径流氮和硝态氮淋溶主要发生在小麦季，而小麦季施氮量又低于水稻季。我们能够确定大气干湿沉降氮是太湖地区另一重要水体氮污染源，对综合治理太湖地区水体氮污染意义深远。

表 3—1　不同氮源对太湖地区地表水氮污染的相对贡献

污染源	输出量（吨/年）	比例（%）
人和畜禽排泄氮	26342	63
大气干湿沉降氮	11910	28
农田径流和淋溶氮	3746	9
合计	41998	100

（三）华北地区旱作农田系统土壤累积硝态氮的成因、生物有效性及潜在的环境风险

华北地区集约化作物生产由于过量投入氮肥和有机肥，使作物收获后根区或根区以下累积了大量的无机氮，其中主要是硝态氮。这些硝态氮累积于土壤剖面的不同层次，具有很高的转化和移动活性（如图 3—5）。由于一年二熟而且每季作物都投入过量的氮肥，下茬作物不能充分地利用土壤剖面已经存在的硝态氮，造成土壤剖面硝态氮的叠加累积和淋溶（如图 3—6），对环境存在威胁。

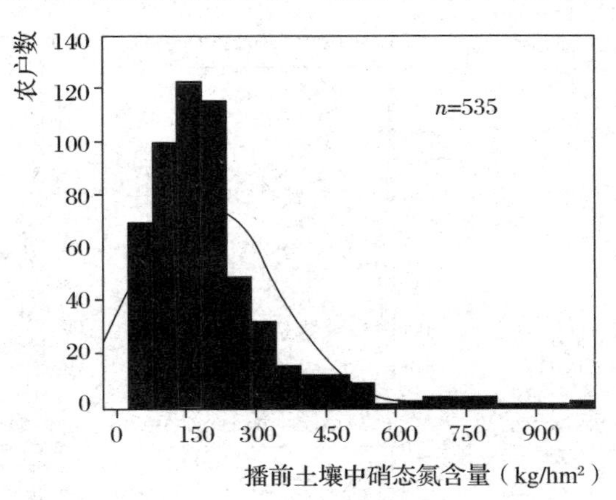

图 3—5　华北地区农户施氮水平下播前 0～90 cm 硝态氮的含量

华北平原属半湿润半干旱气候带，近三十多年来，由于气候变化（降雨减少）、工农业发展需求及对地下水的过度开采，该地区地下水位普遍下降，不少地区已降至几十米甚至十几米以下。研究发现，发育于黄河、淮海和海河平原的冲积性土壤一般质地较轻，夏季持续的降水使硝态氮继续向土壤深层移动，在到达浅层地下水以前要通过很厚的包气带，造成根区以外土壤深层硝态氮大量累积。

研究发现，华北地区土壤容易累积硝态氮的原因有以下五点：①氮肥施用量超过了作物的需求量，土壤中有大量的氮盈余；②由于土壤具有很强的矿化和硝化作用，盈余的氮素很容易转化成硝态氮；③由于过量灌溉和夏季的强降雨，以及普遍存在的轻质地土，残留硝态氮很容易淋溶到下层土壤；④土壤中水分很难达到反硝化作用所需要的水下限，使残留硝态氮不易通过反硝化作用损失；⑤由于碳源缺乏，土壤微生物很难固持这些大量存在的硝态氮。

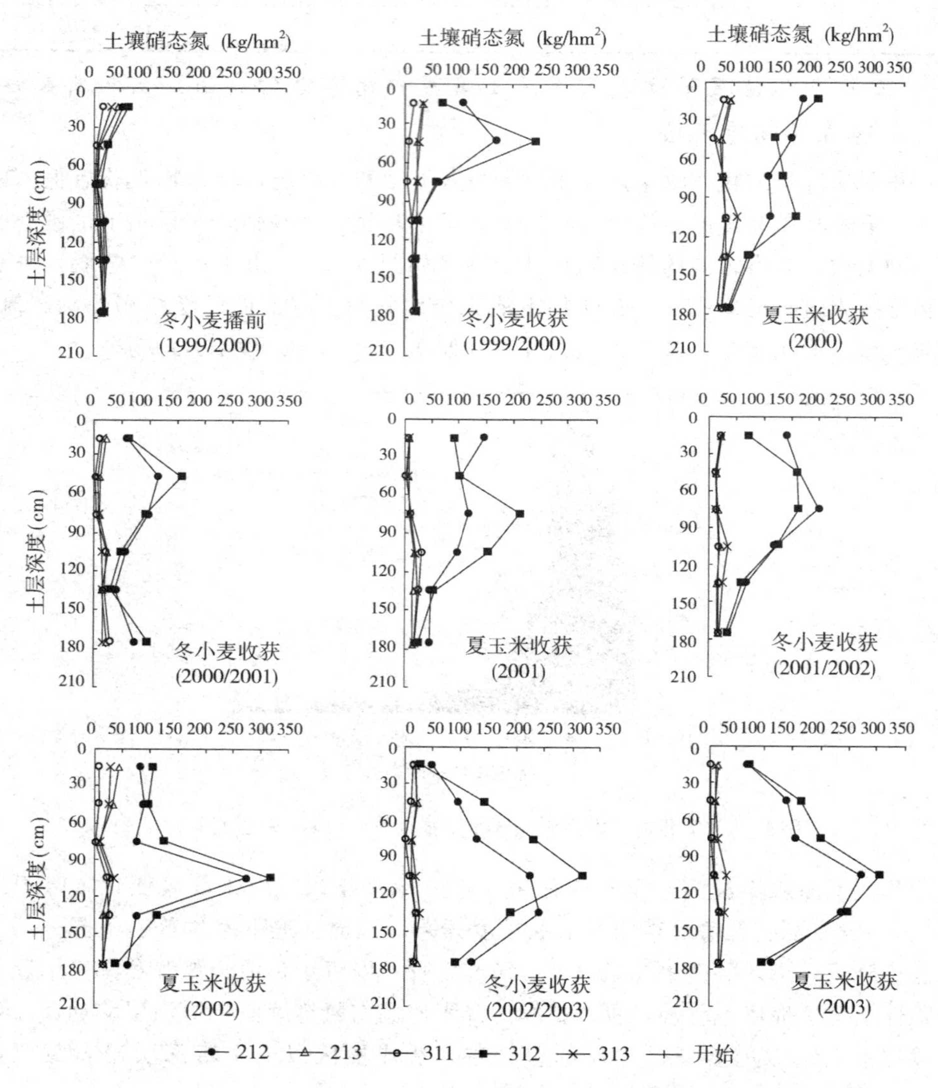

图 3－6　华北平原土壤 0～200 cm 土体中硝态氮的叠加累积和淋溶情况

我国北方集约化作物生产中土壤剖面不同部位累积的大量硝态氮被不同作物利用的程度和迁移规律还不清楚。本研究建立了不同部位累积硝态氮利用率和移动规律的定量方法——^{15}N 微注射方法。据此研究了在越冬和夏季，蔬菜和禾谷类代表性作物（玉米与茄子、小麦与菠菜）对累积硝态氮的利用率及迁移规律。同一作物中，随标记氮深度的增加，作物对标记氮的利用率显著降低。这说明底层硝态氮被作物利用的机会减少，损失的机会增大。不同作物对同一层次标记硝态氮的利用率具有显著差别，整个植株的吸氮量越高，对不同层次累积硝态氮的利用越高。不同标记位置的硝态氮利用率与相应土层的根长密度之间有很显著的正相关关系。^{15}N 微注射方法清楚地揭示出在华北地区半湿润的土壤-气候条件下不同层次硝态氮运移的规律，即上层土壤累积硝态氮向下迁移的距离长，下层土壤向下迁移的距离短，从而使累积硝态氮在土壤剖面一定位置形成累积峰，这可能是该地区降水特征引起硝态氮运移的普遍规律，即这些累积硝态氮除非在极端高强度供水条件下会向更深层次迁移或进入地下水（如图 3—7），一般会在土壤中滞留很长时间。这些试验结果对减少集约化作物生产系统中氮素对水体环境的污染具有重要的理论价值。

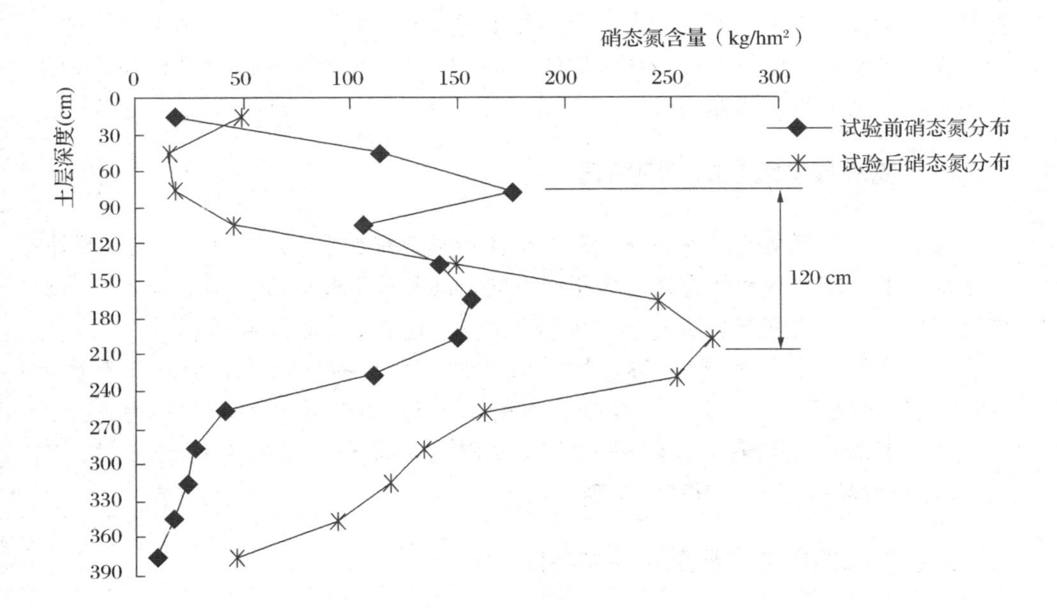

图 3—7　累积硝态氮在夏季强降雨过程中在包气带运移的现象试验

第二节　作物高效利用氮肥的根系生物学及生理机制

发挥作物高效利用氮素的生物学潜力，是提高作物氮肥利用率、减少氮肥损失的重要途径，因此成为国内外颇受重视的一个研究领域。但是，目前对作物氮高效的根系生物学及生理机制仍缺乏深入了解，这主要表现在以下三个方面：①根系大小和氮素吸收系统的活性这两个方面，哪个是决定氮高效吸收的主要因素？有关氮素吸收及硝态氮、铵态氮转运蛋白的基础研究虽然很多，但是在田间条件下的作物生产体系中，氮素吸收系统是不是限制氮素高效吸收的关键，尚不清楚。②苗期的氮高效吸收与全生育期的氮高效吸收有什么联系？苗期的研究结果是否可以用来解释氮效率的基因型间差异？③旱地作物（小麦、玉米）与水田作物（水稻）在氮高效吸收的生理机制方面有哪些异同？

针对以上问题，我们在田间筛选氮效率有显著差异的小麦、水稻和玉米品种的基础上，深入分析了它们的根系形态与氮素吸收系统在氮素吸收过程中的相对贡献，剖析了不同生育期氮高效基因型的生理机制，特别研究了水稻氮高效的一些特殊生理机制，取得了许多规律性的认识，并初步评价了氮高效品种在协调作物高产与环境保护中的作用。

一、氮高效基因型的田间筛选

我们制订的氮高效品种的筛选标准是在相同施氮水平下，产量较高；在相同产量水平下，施氮量较低。通过多年多点的田间筛选工作，在水稻、玉米、小麦中鉴定出一批氮效率有显著差异的品种（系），其中，水稻氮高效品种（系）包括武运粳 7 号、南光和 4007 等，氮低效品种（系）为 Elio；玉米氮高效品种（系）包括自交系 478、自 330 和杂交组合 NE 1，氮低效品种（系）为自交系 Wu 312、陈 94-11 和杂交种四单 19；小麦氮高效品种（系）为科农 9204、XJ 138，氮低效品种（系）为京 411 等。

二、氮高效作物的根系生物学特性

在玉米及小麦的研究中均发现，苗期根系大小与氮吸收量之间存在显著正相关关系。在玉米全生育期的进一步研究中表明，根系大小与全生育期的氮素累积量显著相关。

与小麦和玉米不同，关于水稻全生育期根系形态变化特征的研究表明，在苗期，不同氮效率的水稻品种的根系差异不大，但在后期其差异显著。因此，不同品种水稻对氮吸收的差异，在苗期主要体现在吸收速率方面，而在中后期则体现在吸收和根系形态两个方面。

我们进一步分析了氮高效品种根系发达的机制，结果发现：①在低氮条件下，氮低效小麦、玉米根系的伸长更显著，而且氮高效玉米自交系 478 侧根“趋肥性”更强，更能适应土壤养分的异质性分布；②在高氮条件下，玉米氮高效自交系 478 的侧根发育更能忍耐高浓度氮素供应，这有利于其适应追肥后短期内土壤中的高浓度氮素供应，从而在高氮供应条件下仍然能够维持较大的根系。

三、氮高效作物的生理特征

（一）吸收效率

在水稻中，氮高效品种的 V_{max} 值显著高于氮低效品种，而 K_m 值无差异（如表 3—2）。水稻苗期（8 个水稻品种）总吸氮量与平均吸氮速率关系的相关分析表明，无论是在低氮水平下还是在高氮水平下，总吸氮量与平均吸氮速率均表现为极显著的线性正相关，相关系数 r 分别为 0.9780（1 mmol/L）和 0.9870（4 mmol/L）。在本试验条件下，水稻苗期氮素的吸收与其平均吸氮速率紧密相关，而且这种相关关系基本不受供氮水平的影响。因此，我们可以将平均吸氮速率作为衡量水稻苗期吸氮能力的重要指标。

表 3—2 不同氮效率水稻 NH_4^+ 和 NO_3^- 的吸收动力学参数（苗期 28 天）

项目	供应 NH_4^+		供应 NO_3^-	
	V_{max} [μmol/（gFW·h）]	K_m （mmol/L）	V_{max} [μmol/（gFW·h）]	K_m （mmol/L）
氮高效	8.8 A	0.12 A	10.1 A	0.19 A
氮低效	6.0 B	0.19 A	8.2 B	0.20 A

注：同一列数字后不同字母表示在 $p \leq 0.05$ 水平上差异显著。

在小麦中，不同小麦基因型平均吸氮速率与吸氮量无相关关系。在玉米中，无论是田间条件下全生育期玉米根系吸氮速率的比较，还是苗期试验结果，氮高效玉米自交系 478 均低于氮低效玉米自交系 Wu 312 的平均吸氮速率，这说明吸氮速率不是决定小麦、玉米基因型之间氮吸收能力不同的主要因素。

（二）开花后期氮素吸收特征

水稻田间试验结果表明，不同氮效率水稻在整个生育期的干物质和氮素积累、转运的模式差异较大，齐穗后的氮吸收量差异明显。氮高效水稻叶片衰老慢，光合作用强。氮低效水稻基因型 Elio 的库容量比较小，导致齐穗后的干物质和氮素的积累和转运都比 3 个氮高效水稻基因型武运粳 7 号、南光和 4007 的低。籽粒成熟时在营养部位里残留了较多的氮素，Elio 秸秆的氮浓度和氮含量都远高于 3 个氮高效水稻基因型，这也是 Elio 氮素利用效率低的主要原因。

在玉米研究中发现，生育后期不同氮效率基因型玉米的氮累积差异显著。在氮素供应相对不足的条件下，作物体内氮素向籽粒转运的增加是不可避免的。氮素转移的直接结果是叶片氮素含量的下降，进而可能降低叶片的光合速率。但氮高效品种的穗位叶光合效率并没有降低，氮低效品种的叶片光合效率则显著降低，同时在吐丝-灌浆期，氮高效品种的绿叶面积和叶绿素含量均高于氮低效品种。试验表明，有效的光合叶面积显著影响根系、吸氮能力和籽粒产量（维持地上部和地下部协调）。如果将穗粒叶遮光，消除该叶的光合功能，那么会显著加快根系衰亡（如图 3－8），减少氮素积累和产量。进一步的研究表明，氮高效玉米品种 478 强大的根系可以增加根系细胞分裂素合成和木质部运输，进而延缓叶片衰老、维持后期叶片光合能力和根系发达。

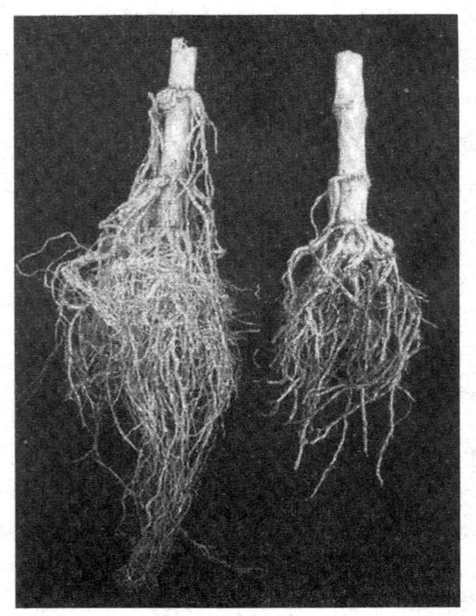

图 3－8　玉米抽丝期穗位叶遮光对根系衰老的影响（左：对照；右：遮光处理）

在小麦中同样发现，籽粒产量和生物量均与吸氮量之间呈显著或极显著正相关；产量与利用效率的相关系数相对较差。氮高效小麦品系生长后期光合速率高，受氮肥供应水平影响小。

综上所述，氮高效品种在开花后期有如下生理特征：根系发达，吸氮能力强。这保证了较长的叶面积持续期和较高的光合效率，减缓了因叶片氮素输出而导致的叶片衰亡速率。较长的叶面积持续期和较高的光合效率反过来增加了光合产物积累，从而增加籽粒产量，提高氮利用效率（如表 3—3）。

表 3—3　不同作物高效吸收利用氮素的生理机制

项　目	小麦和玉米	水　稻
苗　期	发达的根系 ·低氮响应强 ·耐高氮 ·趋肥性强	吸收能力强 ·泌氧与硝促铵能力强 ·氮代谢能力强
开花-成熟期	维持根系活力，增加后期氮素吸收，推迟叶片氮输出 维持绿叶面积，增加碳向根的运输	

（三）水稻增硝营养的响应机制

在增加硝态氮营养的条件下，水稻氮高效品种（南光）的籽粒产量较纯铵营养条件下显著增加，其增幅为 21%，而氮低效水稻品种（Elio）的籽粒产量在两种营养条件下差异不显著。与纯铵营养条件下相比，增硝营养条件下，南光的穗数和籽粒重没有显著变化，但每穗实粒数提高了 25%，结实率得到显著提高，增幅达到了 16%。

在增硝营养条件下，显著提高氮高效水稻铵吸收的速率，对 NH_3 的亲和力影响不大。在田间条件下，于水稻收获期采集了氮高效和氮低效水稻品种的根际土壤，然后测定其硝化作用强度和硝化作用微生物（厌氧氨氧化菌）数量。结果表明，氮低效水稻品种根际土壤的硝化作用强度仅为氮高效水稻品种（4007）的一半以下，在三个氮水平下测定的结果非常一致。进一步的研究结果表明，造成这种差异的原因是氮低效水稻品种根际硝化作用微生物（厌氧氨氧化菌）的数量寥寥无几，而氮高效水稻品种根际土壤中含有很大数量的厌氧氨氧化菌，正是这些硝化作用微生物和水稻根系的泌氧使那些氮高效品种水稻根表发生较好的硝化作用。水稻尽管一直在淹水还原条件下生长，但还是处于较理想的铵、硝混合营养中。另外，对根系的研究发现，氮高效水稻品种较氮低效品种根系通气组织发达，因此泌氧量相对较大。

综上所述，水稻作物有显著的“增硝营养”效应，根系泌氧能力强、根表（根际）土壤硝化作用活性高、对硝酸盐的响应强是决定水稻氮高效的重要因素之一。

（四）氮高效品种在田间条件下对不同氮效率的农学评价

我们对小麦、玉米和水稻的农学与环境效应进行了评价。对小麦来说，氮效率的提高主要表现在氮肥偏生产力（单位氮肥生产的籽粒产量）和氮素生理利用率$\left(\frac{\text{产量}}{\text{植株总吸氮量}}\right)$，但对氮肥回收率影响不大。对玉米而言，与常规品种相比，氮效率提高主要表现在氮肥偏生产力方面，而其他氮肥效率指标差异不大，甚至有所下降。造成上述现象的原因是氮高效品种在不施氮条件下同样表现出高的籽粒产量和吸氮能力。例如，在两年的小麦试验中，施氮对科农 9204 和鲁麦 23 籽粒产量的增加分别为 1.5 t/hm^2 和 1.2 t/hm^2，对作物氮素吸收的增加分别为 64 kg/hm^2 和 69 kg/hm^2；在保证最高产量的前提下，科农 9204 能比 WM 8 节省氮素投入 80～90 kg/hm^2。在玉米试验中，施氮对 NE 1 和农大 108 籽粒产量的增加分别为 1.6 t/hm^2 和 1.1 t/hm^2，对作物氮素吸收的增加分别为 32 kg/hm^2 和 31 kg/hm^2；在保证最高产量的前提下，杂交玉米 NE 1 比农大 108 节省氮素投入 120 kg/hm^2。

以上研究表明，利用氮高效作物品种可以有效地提高氮肥利用率，在相同施氮量条件下获得更高的产量。氮高效作物品种在苗期表现出一些重要的生理特征，具有较强的生长潜力和相应的氮素积累能力，其中小麦和玉米主要通过调节根系大小来实现氮高效吸收积累，而水稻中氮素吸收系统活性的作用也不可忽视。在小麦和玉米的生长后期，氮高效品种通过维持根系大小来协调地上与地下之间的碳氮关系。在水稻中，氮高效品种通过其根系生理形态变化，提高了根际泌氧量，发挥了硝对铵吸收的促进作用，从而提高了氮素吸收效率。

第三节　作物高效利用氮肥的遗传学机制

本课题主要针对我国主要粮食作物水稻和小麦对铵态氮和硝态氮吸收利用的遗传基础和分子生理机制进行了深入的研究：对不同作物品种氮效率进行田间筛选明确了不同水稻和小麦品种间氮效率存在显著差异；利用已建立的群体明确了作物在高氮、低氮条件下，吸氮量、利用效率和产量性状的 QTL；调控苗期根系发育的 QTL 及其与高效吸氮位点连锁；根系对缺氮响应的 QTL 定位及其与氮高效的关系；氮效率相关位点与氮素同化关键基因位点的连锁。另外，还深入研究了根系对氮素营养响应的分子机制；作物吸收和同化氮素关键基因与高效吸收、利用氮素的关系；鉴定了高亲和力转运蛋白基因的功能；探讨了水稻硝铵营养环境下“增硝促铵”的分子机制。

一、不同水稻和小麦品种间氮效率存在显著差异

我们通过对世界各地的 199 个粳稻品种在江苏省无锡市安镇连续两年开展三个氮水平（0，126 kg/hm^2，180 kg/hm^2）的田间筛选，发现在不同氮水平下不同水稻品种的籽粒产量、吸氮量和氮利用效率均存在显著差异。以 NO 和 N 180 的水稻产量为例，不同水稻品种在低氮和高氮条件下的籽粒产量差异显著，但两个氮水平间存在显著正相关，说明高氮条件下高产的水稻品种，一般在低氮条件下的产量也高，并不是所有的水稻品种都如此，有些水稻品种在高氮条件下的产量水平很高，但低氮条件下的产量却很低。我们对小麦的研究也有类似结果。这些结果可能说明了在高氮条件下选育水稻和小麦品种在低氮条件下不一定能获得较高产量，在高或低氮土壤上选育氮高效品种都有必要。在低氮和高氮条件下都高产的水稻品种有云粳 38、南光、桂单 4 号和豫粳 7 号，这些品种可以作为水稻氮高效育种的亲本。同时，我们筛选出低氮和高氮条件下都低产的水稻品种为贵禾糯和 Elio。我们参与选育的氮高效小麦品种科农 9204，现已大面积推广，并用作亲本选育出氮高效的小麦品种科农 199。

二、高效吸收氮素是氮高效水稻和小麦品种的重要基础

多个试验证明，无论是低氮还是高氮条件下，小麦或水稻的吸氮量与籽粒产量的相关系数（0.78～0.82）（如图 3－9）均显著高于氮利用效率和籽粒产量的相关系数（0.38～0.40），这说明要提高作物品种的氮利用效率，应重点考虑提高吸氮效率。

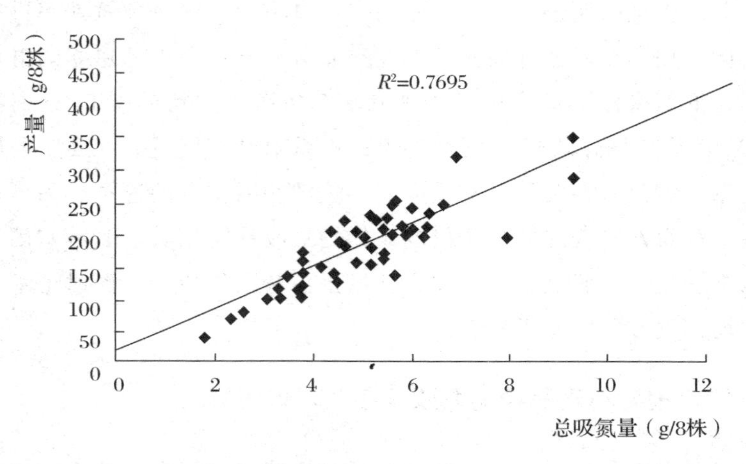

图 3－9　以 126 kg/hm² 氮水平条件为例，水稻吸氮量与籽粒产量呈显著正相关

三、小麦高效吸收氮素的根系生物学特征及遗传基础

前述讨论充分说明，高效吸收氮素对小麦氮高效至关重要。因此我们重点研究了根系发育与氮素吸收之间的关系，并在此基础上研究了氮素高效吸收的遗传基础。我们用两个小麦群体进行的研究均证明，在小麦苗期，根系生物量与吸氮量之间存在极显著的正相关，并且小麦苗期的根系生物量与大田成株期吸氮量呈显著正相关。我们在“旱选 10 号×鲁麦 14”DH 群体中，检测到 5 个调控吸氮量的 QTL，分别位于 1 B（位于 WMC 156 和 WMC 548 之间）、2 D（与 Xgwm 539 连锁）、3 B（Xgwm 108）、4 B（位于 Xgwm 495 和 Xgwm 149 之间）和 6 A（位于 WMC 179.1 和 WMC 256 之间）染色体上。

这 5 个控制吸氮量区间中，位于 1 B、2 D 和 6 A 染色体上的 3 个吸氮量位点附近，均检测到控制苗期根系生物量的 QTL，进一步从遗传学上证明了小麦

苗期根系的繁茂性是影响小麦吸收氮素的一个重要因素。位于 1 B 染色体上的 QTL 对控制苗期根系生物量的贡献最显著。该位点不仅与成株期吸氮量的 QTL 连锁，而且还和花后吸氮量的 QTL 连锁。无论是小麦还是水稻，氮高效品种的一个共同特点是在生长后期吸氮效率高。

氮高效的小麦品种科农 9204 在苗期也有发达的根系，与对照品种京 411 相比，科农 9204 的种子根和侧根长，根系表面积大，但两者的侧根数差异不大。成株期科农 9204 的根系也比京 411 发达，主要体现在表层土壤根系分布方面。低氮条件下两者根系生物量的差异进一步加大，预示氮高效的小麦品种的根系对缺氮的响应好，是苗期适应低氮的一个重要因素。

除了根系生物量外，根系活性也会影响小麦对氮素的吸收效率。我们研究发现，随着根系中调控硝态氮吸收的转运蛋白 NRT 2 基因表达量的增加，根系吸收硝态氮的速率也增加，但品种间吸氮速率的差异似乎与 NRT 2 基因表达量的关系不是很密切。这说明提高吸氮效率的基础在于促进根系发育，与水稻的高效吸收氮素的机制有些区别。

四、水稻高效吸收氮素的根系生物学特征及遗传基础

在田间筛选试验的基础上，针对氮高效品种，用实验室溶液培养方法进行了苗期吸氮效率的筛选。结果证明，南光和桂单 4 号两个品种的生长量和苗期吸氮量存在显著差异，无论是生长量还是吸氮量都是桂单 4 号显著大于南光。从吸收动力学结果来看，在 0.5 mmol/L 供氮水平下，南光根系吸收铵态氮和硝态氮的最大速率 V_{max} 值和米氏系数 K_m 值与桂单 4 号相差不多；在 1.0 mmol/L 供氮水平下，南光根系吸收铵态氮的 V_{max} 值显著下降，K_m 值显著上升，而桂单 4 号的 V_{max} 值显著上升，K_m 值则变化不大。

这些结果说明，在苗期，桂单 4 号的根系对高氮浓度的吸氮能力显著高于南光。桂单 4 号吸氮能力强和硝态氮响应能力强的主要原因是桂单 4 号根系在低氮或者缺氮条件下 *O_sAMT1*；*1*、*O_sAMT1*；*2*、*O_sG1n1*；*2*、*O_sG1n2*、*O_sG1t1*、*O_oG1u1* 和 *O_sNRT2*；*1* 的表达高于南光（如图 3－10），同时 GS 和 GOGAT 活性高于南光（图 3－11）。我们的结果也暗示着这些与氮有关的基因可能主要在低氮条件下发挥作用，即在低氮条件下的表达更能够反映其对水稻氮利用效率的贡献。

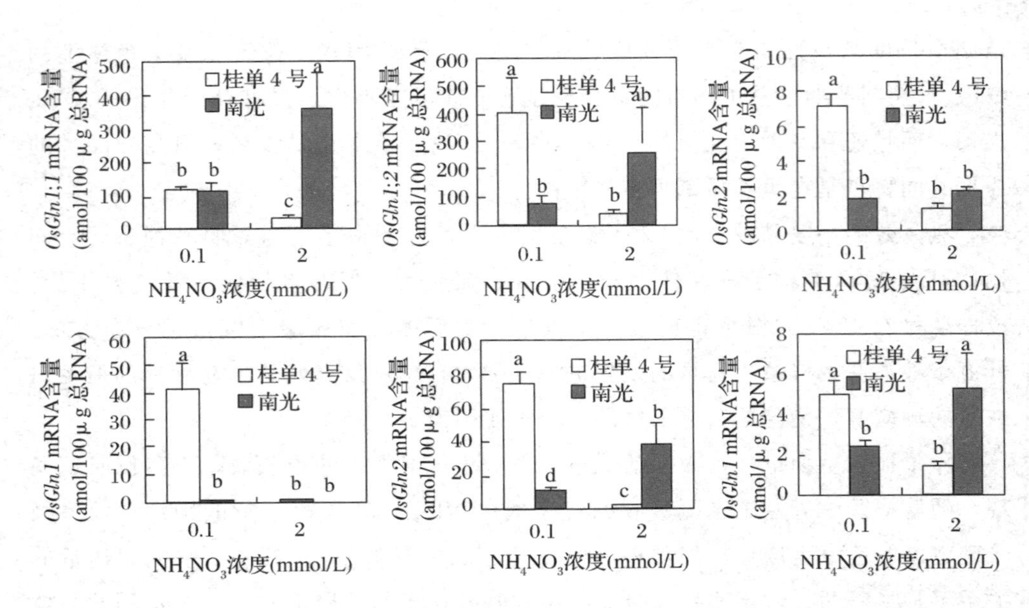

图 3—10　两个氮水平下两个水稻品种根系编码 GS 和 GOGAT 基因表达差异

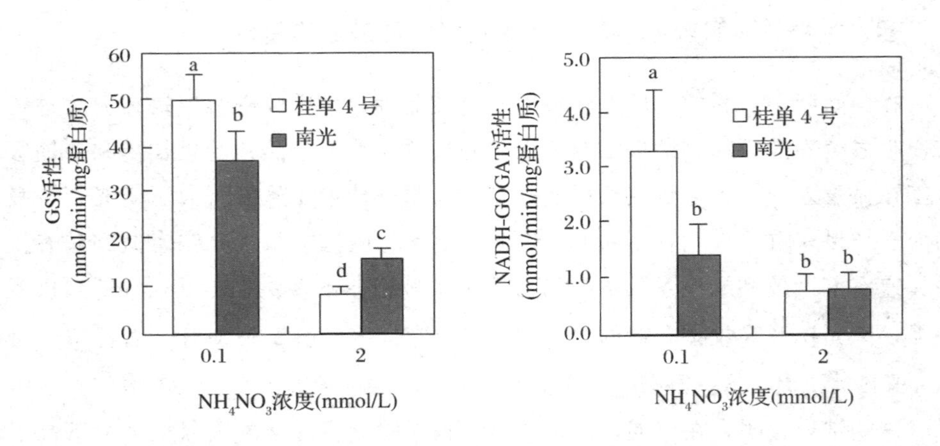

图 3—11　两个水稻品种 GS 和 GOGAT 酶活性

五、水稻“增硝促铵”吸收的分子基础

在含铵态氮介质中，增加硝态氮可以促进水稻对铵态氮的吸收，即所谓的“增硝促铵”现象。研究证明氮高效水稻品种的“增硝促铵”现象比氮低效的强，

可能是水稻氮高效的另一种机制。深入研究表明，增供 0.5 mmol/L 硝态氮促进了 O_sAMT1；1、O_sAMT1；2、O_sAMT4；1、O_sGln2、O_sGlu1、O_sGlt1、O_sGlt2 和 O_sNRT2；1 等 8 个基因的表达，而 O_sAMT1；3、O_sGln1；1 和 O_sGln1；2 等 3 个基因没有被诱导反而有所抑制。由此推断，O_sAMT1；3 在“增硝促铵”现象中可能没有直接联系，而 O_sAMT1；1、O_sAMT1；2、O_sAMT4；1、O_sGlu1、O_sGlt1、O_sGlt2 等基因的上调和 O_sGln1；1 和 O_sGln1；2 基因的下调都与“增硝促铵”现象有密切关系。其可能的分子基础如图 3－12 所示。

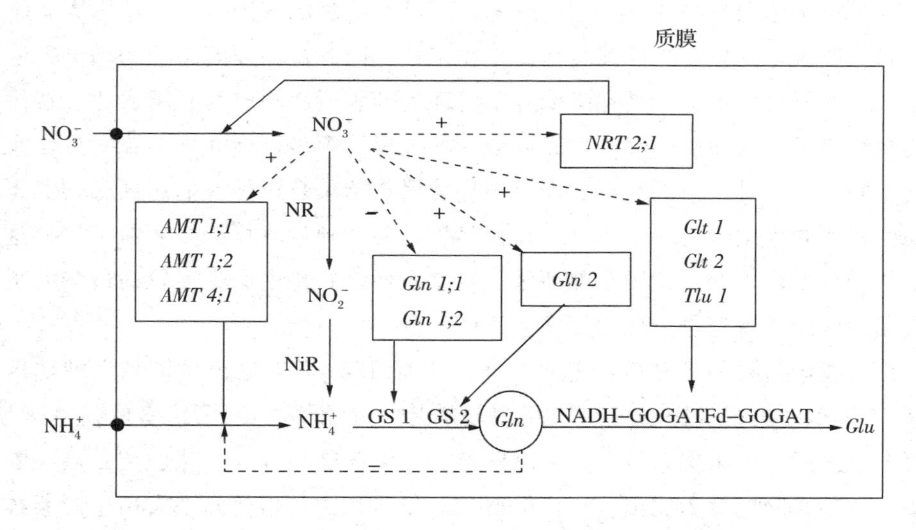

图 3－12 水稻“增硝促铵”吸收的可能分子机制

（“＋”表示正调控；“－”表示负调控）

综上所述，我们在生理和遗传学水平上证明了苗期根系繁茂性是影响氮素高效吸收的重要因素。另外，在小麦、玉米、水稻中定位了多个调控作物吸氮量和根系性状的 QTL，在小麦和大麦中克隆了 11 个新的参与氮素转运的基因；同时，系统分析了氮素吸收及代谢相关基因的表达模式及其调控；初步明确了“增硝促铵”的分子机制。这些结果为深入认识作物氮高效的遗传机制及氮高效性状的分子改良提供了重要作用。

第四节　作物高产与环境保护相协调的氮肥总量控制

提高氮肥的利用率和增产效果、降低其对环境的影响，是一项重要而紧迫的任务。

发达国家减少氮肥污染的主要对策除了改进施肥技术和方法外，降低产量目标以减少氮肥施用量是通常采用的措施。我国耕地资源有限，人口压力大，不仅不能降低产量目标，还必须逐步提高作物产量。因此，在提高施肥的增产效应和经济效益的同时，最大限度地降低施肥对环境的负面影响成为我国农业可持续发展的必然要求，而建立一套高产、高效与环境保护等多目标并重的施肥方法是解决这一问题的关键。协调高产、高效与环境保护的关系正是我们所面临的、不同于某些发达国家同行的一个难点。显而易见，要达到这一目标并非易事。从这一问题的严重程度来看，我国东部地区特别是农业集约化生产程度较高的华北平原和太湖地区应是首选进行此项探索的地区。

作为我国重要的粮食生产基地，华北平原小麦-玉米轮作系统和太湖地区水稻-小麦轮作系统在我国农业生产中发挥着巨大的作用。越来越多的研究表明，这两个地区的农田生态系统主要依靠外部的化学氮肥的投入，氮肥用量高，养分效率低，环境问题尤为突出。与 20 世纪 80 年代相比，当前两个农田生态系统主要作物水稻和小麦氮肥投入显著增加，但增产幅度（与不施氮区相比）并未显著增加，单位施氮量的增产效果降低显著。

与 20 世纪 80 年代相比，除了大量增加化学氮肥的投入外，来自土壤和环境的氮素也显著增加，农田自然供氮量和作物基础产量明显增高。太湖地区目前无氮区水稻平均产量达 6229 kg/hm^2，比 20 世纪 80 年代增加了 941 kg/hm^2，土壤和环境供氮量平均增加了 43 kg/hm^2；华北平原目前无氮区小麦平均产量达 4518 kg/hm^2，比 20 世纪 80 年代增加了 1489 kg/hm^2，土壤与环境供氮量平均增加了 45 kg/hm^2（见表 3－4）。

表 3—4　太湖地区稻田与华北平原小麦-玉米轮作系统农田土壤自 20 世纪 80 年代以来氮肥用量、供氮能力及产量的变化（单位：kg/hm²）

项目 \ 数据 \ 地点、时间	太湖地区		华北平原	
	20 世纪 80 年代	目前	20 世纪 80 年代	目前
土壤和环境供氮量	76	119	90～120	135～165
环境来源氮	25	89	22	80～90
播前土壤硝态氮	—	—	11～63	198
空白产量	5288	6229	3029	4518
农民施氮量	199	300	92	319
农民施氮条件下产量	6518	8012	5272	6121
施氮条件下的增产量（与空白产量比较）	1230	1783	2243	1603
吸氮量	132	162	154	179

在土壤和环境供氮量高、施肥量高、产量水平高、环境压力加重的条件下，如何优化施氮、提高氮肥利用率、协调作物高产与环境保护的矛盾？这是我们面临的一个新课题。我们以华北地区小麦-玉米轮作系统和太湖地区水稻-小麦轮作系统为研究对象，以采用适宜施氮量为重点：①提出能协调高产和环境保护的氮肥高效利用的原理和方法；②建立适合我国农村现实情况的宏观控制和点的测试相结合的方法；③与 GIS 系统相结合，初步建立区域的优化施氮技术体系，并对其农学效应和环境效应进行评价。

一、协调作物高产与环境保护的氮肥总量控制

“区域平均适宜施氮量”是指对同一地区的某一作物来说，由于耕作施肥制度基本一致，可以通过田间的氮肥施用量的试验网，在计算了各个田块的适宜施氮量的基础上，概括出一个平均值（即平均适宜施氮量），以此作为该条件下大面积生产中该作物的施氮量。该用量应随着品种和栽培技术等生产条件的变化，通过试验重新确定。区域平均适宜施氮量符合当前我国农村田块小且多、缺乏测试条件、季节紧的实际情况，在大面积生产中易于采用。

在华北平原小麦-玉米轮作系统中，通过对 269 个田间试验结果的分析、汇总，我们将氮肥总量控制分为两个层次，分别是基于当季土壤硝态氮供应的氮肥

总量控制和基于中长期管理的氮肥总量控制。受农民过量施肥的影响，大量的活性氮储存在土壤剖面中，利用这部分土壤氮素供应，小麦当季氮肥用量应控制在 100～130 kg/hm²，玉米当季应控制在 130～160 kg/hm²。随着氮肥优化措施的不断进行，土壤剖面的活性氮不断降低，最终从中长期来看应将小麦当季氮肥用量控制在 150～180 kg/hm²，玉米当季控制在 170～190 kg/hm²。

对两个层次氮肥总量控制的农学和环境效应进行的定量分析表明，与基于土壤测试的氮肥当季优化相比，区域总量控制略微增加氮肥用量，也比农民习惯施氮极大地节省了氮肥，提高了氮肥利用效率，减少了氮素损失。

太湖地区稻田氮肥总量控制的理论基础是：环境和土壤供氮能力强；在太湖地区的一个县域（常熟）尺度内，农田间产量、环境和土壤供氮能力间的变异不大；在一定的供氮范围内，作物产量对氮肥供应不敏感。在苏南水稻试验的结果表明（如图 3－13），作物基础产量平均高达 6295 kg/hm²，对氮肥反应低，反应曲线平缓，在最高产量施氮量和经济最佳施氮量附近，施氮量的少量增减对产量影响不大。在本区内即使各田块统一采用区域平均适宜施氮量，对水稻的产量也几乎没有影响。

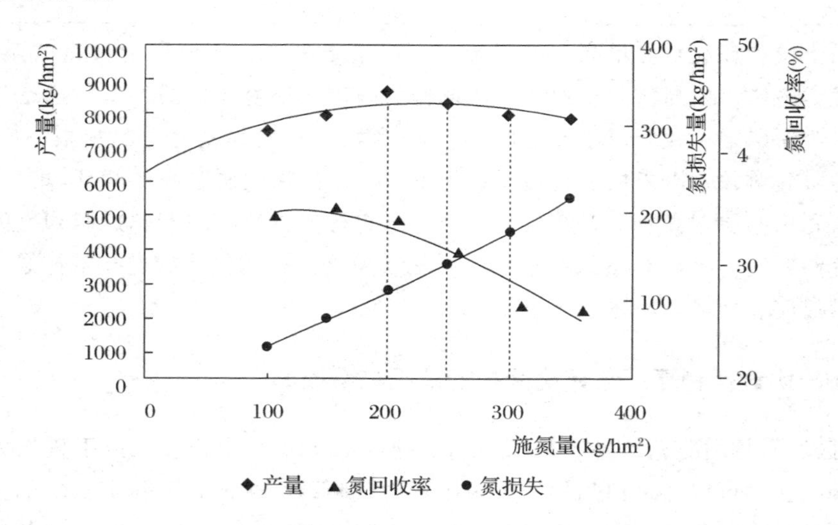

图 3－13 水稻施氮量与产量和氮肥损失的关系

图 3－14 表示常熟单季晚稻试验田的 Y_x 与 Y_0 的关系。其中，Y_0 为田块适宜施氮量时的产量；Y_x 为区域平均适宜施氮量时的产量，Y_x 与 Y_0 非常接近，相对偏差很小（－3.5%～＋1.4%，平均值为－0.39%）；Y_0（215016 kg）仅比 Y_x（215945 kg）减产 929 kg，在本区内各田块统一采用区域平均适宜施氮量对

水稻的总产量几乎没有影响。因此，“区域平均适宜施氮量”可直接用作该区推荐施氮量，对田块单产和区域总产量影响都很小。

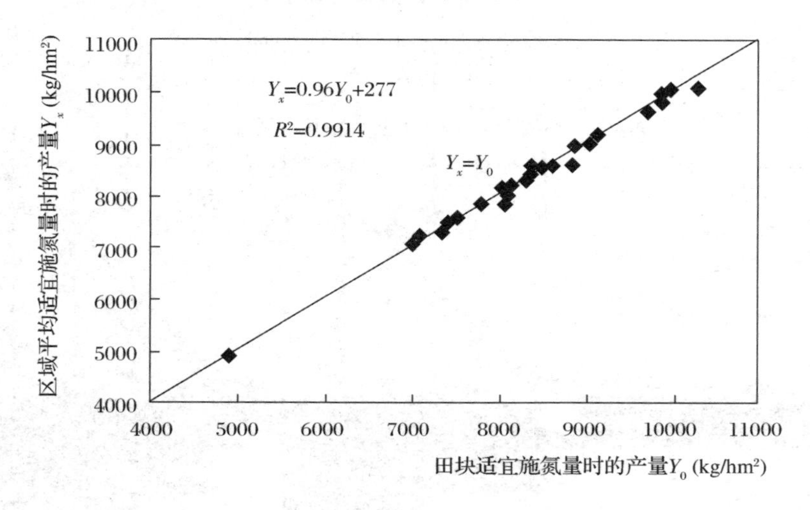

图 3－14　常熟单季晚稻试验田的 Y_x 与 Y_0 的比较

二、高产与环境保护相协调的氮肥推荐点的测试技术

根据华北平原的小麦-玉米轮作系统和太湖地区水稻-小麦轮作系统的特征，在氮肥推荐点的测试技术方面，两个系统中的侧重点有所不同。在华北平原的小麦-玉米轮作系统中，重点是通过作物生育期根层无机氮的测试来调控氮肥的使用量，以满足作物不同生育阶段的氮素需求为目标，同时辅以作物硝酸盐测试等手段对氮肥用量进行微调。在水稻-小麦轮作系统中，重点是通过作物诊断进行田块尺度的氮肥管理，并探索土壤测试的可行性。

研究结果表明，在华北平原的小麦-玉米轮作系统中，以作物生育期根层无机氮为主，以同步作物氮素需求和土壤、肥料、环境氮素供应为核心的氮肥实时监控技术，可以在保障作物高产的条件下，大幅度提高氮肥利用率，降低其对环境的污染。

图 3－15 是基于土壤无机氮动态测试的根层氮素调控的技术模式。通过大型（75 亩）、长期（8 年）和多学科综合定位研究发现，与农民习惯施氮相比，氮肥实时监控技术可节省氮 75%，作物增产 3%，经济效益提高 86%，氨气挥发、氧化亚氮排放和硝酸盐淋溶分别降低 77%、72% 和 100%，大气增温潜势降低 73%。

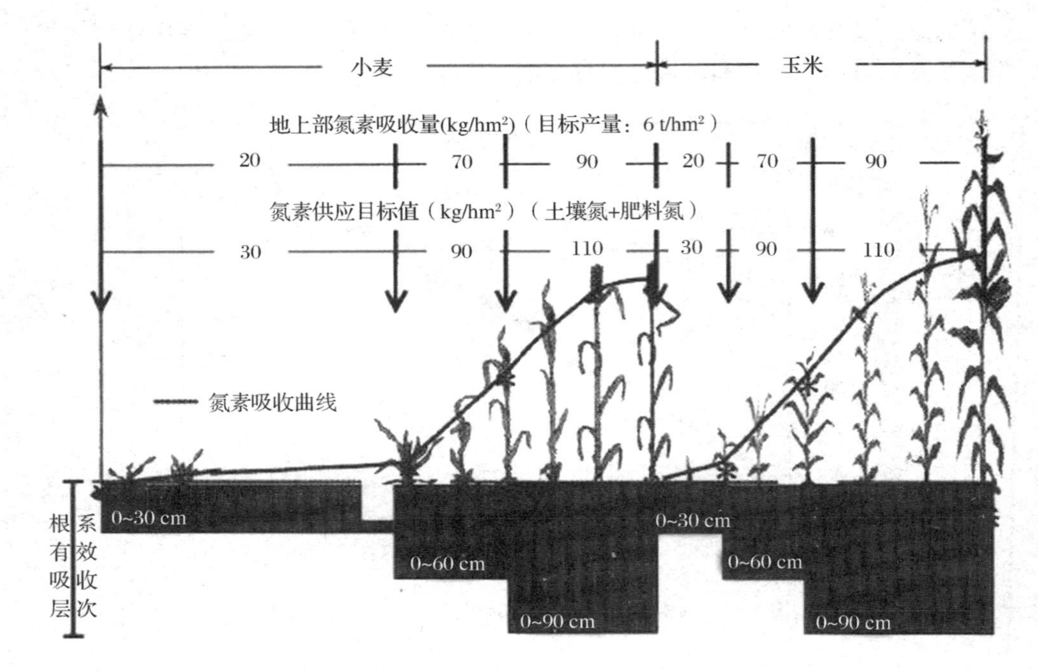

图 3－15　基于土壤硝态氮动态测试的根层氮素调控技术模式

在山东进行的多点田间试验结果表明，基于土壤硝态氮测试的氮肥实时监控技术体系，可以在保证作物产量的基础上，大幅度降低氮肥用量。其优化氮肥用量与用肥料函数法获得的经济最佳施氮量非常接近，最大差异不超过 30 kg/hm²，直接验证了土壤硝态氮测试技术的可行性（如图 3－16）。

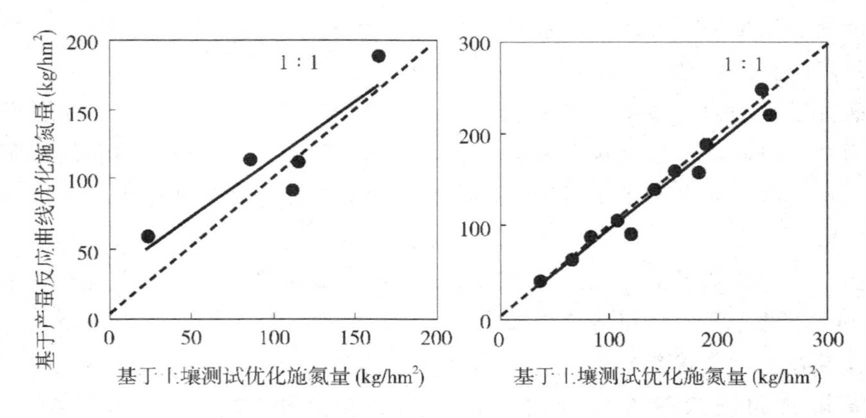

图 3－16　多点田间试验中基于土壤测试和产量反映的推荐施氮量的比较

在水稻体系中，以水稻叶片光谱特征作为氮营养诊断的主要方法。在水稻分蘖期、孕穗期和灌浆期测定不同氮肥处理的水稻冠层反射光谱及叶 SPAD 值，结果表明，可见光波段反射率随施氮水平的增加而降低，近红外波段反射率随施氮量的增加而增加。

三、总量控制与点的测试相结合的氮肥推荐的经济效益与环境效益评价

在太湖地区水稻-小麦轮作系统中，田间采用密闭室间歇密闭通气法测定了氮肥氨气挥发的损失，采用^{15}N示踪技术研究了氮肥的利用率和损失率。结果表明，随着施氮量的增加，氮肥自农田通过各种损失途径进入环境的氮量（氮肥损失量）迅速增加，增大了对环境的压力。三种施氮模式相比，当前农民的习惯施用量和最高产量的施氮量都表现为“高氮、低效、高污染”，而统一采用区域平均适宜施氮量时，表现为“低氮、高效、低污染”，从而达到了产量效益、经济效益和环境效益三个效益的相对统一（见表 3－5）。因此，区域平均适宜施氮量法不仅能节氮保产，提高氮肥利用率，而且有利于农民增收和环境保护。

表 3－5　常熟水稻三种施氮量下的产量、利用率、总损失量和净收入的综合评价（26 个试验平均结果，2003～2006 年）

项　目	施氮量 (kg/hm^2)	产量 (kg/hm^2)	氮肥利用率 (%)	氮损失量 (kg/hm^2)	净收入 (元/公顷)
农民施氮量	300	8012	26.7	171	13533
最高产量施氮量	247	8366	31.4	134	14433
区域平均适宜施氮量	199	8270	34.4	104	14473

注：损失率分别以农民施氮量、最高产量施氮量和区域平均适宜施氮量的 57%、54%和 52%计算。净收入＝稻谷产值（稻谷：1.86 元/千克）－氮肥成本（尿素：2.1 元/千克）。

在华北平原小麦-玉米轮作系统中，采用风润法测定氮肥氨气挥发损失，连续自动监测、测定 N_2O 释放，长期监测土壤硝态氮的动态来计算氮素淋溶损失，并通过^{15}N示踪技术研究了氮肥的利用率和损失率。研究结果是氨气挥发仍然是氮肥损失的一个重要途径，淋溶损失也是一个重要的途径，但具有很大的不确定性，主要取决于降雨和灌溉事件。在连续 7 年（1999～2006 年）的观测中发现，氮肥实施监控技术可使作物充分利用土壤和环境中的氮，达到作为氮素需求与氮素供应的同步；在维持作物高产的同时，比农民传统施氮节省大量氮肥，大幅度降低了氮肥的损失（见表 3－6）。

表 3－6　小麦-玉米轮作系统氮肥优化管理和传统氮肥管理的综合比较（1999～2006 年）

	监测指标	优化施肥	传统施肥	增量（%）
资源消耗	氮肥用量（kg/hm^2）	1362	4200	－67.6
氮肥利用效率	吸氮量（kg/hm^2）	1671	1853	－9.8
	氮肥利用率（%）	57.5	19.9	188.9
生产力	产量（t/hm^2）	72.4	72.3	0.1
	经济效益（元/公顷）	54339	44620	21.8
环境效应	氨气挥发损失（kg/hm^2）	203	1031	－80.3
	硝化作用-反硝化作用损失（kg/hm^2）	22	71	－69.0
	硝酸盐淋溶（kg/hm^2）	20	256	－92.2
	土壤残留（kg/hm^2）	－35	38	－208.6
土壤肥力	试验前后土壤全氮比较	不变	略有增加	
	试验前后土壤有机碳比较	不变	不变	

* 增量$=\dfrac{\text{优化施肥}-\text{传统施肥}}{\text{传统施肥}}\times 100\%$。

四、基于 GIS 技术的区域氮肥优化管理

太湖地区的区域优化施氮。

（1）区域优化施氮的原则：基于平均适宜施氮量（199 kg/hm^2）的区域优化；土壤的供氮能力强，微减施肥量；施肥量的优化应最大可能地保证产量不受影响；施肥边际效应和施肥量的优化应服从施肥产量边际效益最大原则。

（2）区域优化施氮的控制因子。土壤供氮因子包括全氮、碱解氮、水解氮、土壤有机质因子、粮食产量因子。

以耕地栅格为基本研究单元，对每个单元的指标进行标准化取值，分别计算各个单元平均适宜施氮量微调比例和优化氮肥量。其中，各单元产量数据是利用 LISEM 模型来模拟的数据。该模型经我们的模型组修正，通过输入相关土壤等参数，可以对不同施氮量的粮食产量进行模拟和预测。在此仅对区域平均适宜施氮量（199 kg/hm^2）进行了模拟。

区域适宜平均施氮量（199 kg/hm^2）经过空间优化后，区域平均施氮量减少了 9 kg/hm^2，生产成本有所降低，同时肥料氮损失率有所下降，减轻了对环境

的危害。

第五节　土壤-作物体系中氮素迁移的模型

在参考国外模型研究工作的基础上，针对我国土壤氮素转化过程的特点，我们将土壤水-氮运移过程模型与作物生长过程模型进行了整合，分别构建了华北平原小麦-玉米轮作系统模型 SPWS 1.0 和南方太湖地区水稻-小麦轮作系统模型 RGNTM。在两个轮作区分别选取了代表性试验点对模型进行了参数校准和验证，验证结果令人满意。

模型 SPWS 1.0 在中国农业大学东北旺实验站的模拟结果表明，优化水肥处理的水分渗漏量和蒸散量均小于传统施肥处理的结果。优化水肥处理的氮素淋溶量仅为传统水肥处理的 32.7%。这说明优化灌溉和优化施肥管理措施均能明显减小水分渗漏、硝酸盐淋溶和氮素的气体损失。模型 RGNTM 在南方的计算结果表明，稻田土壤在小麦季的水分渗漏和硝酸盐淋溶可以忽略不计，氨气挥发和反硝化作用是氮素的主要损失途径。随着施氮量从 100 kg/hm^2 增加到 300 kg/hm^2，氨气挥发从 15 kg/hm^2 增加到 45 kg/hm^2，反硝化作用量则从 10 kg/hm^2 增加到 26 kg/hm^2。

同时，将田块尺度模型与 GIS 相结合，建立了区域土壤-作物系统的氮模拟模型 SP-WS-GIS，并对惠民县的氮素农学效应和环境效应进行了初步评价。综合上述多年、多点、多学科综合研究的结果，我们认为：①由于农田进入环境的三种氮化物（N_2O_5、NH_3、N_2O）的形成与迁移机制不同，它们随施氮量变化的变化规律也不同，这为恰当地评价高施氮量对环境的影响提供了科学依据；②“区域宏观控制与田块微调相结合”的施氮量推荐原则与技术具有明显的节氮保产效果，能够在实现高产的同时减轻环境压力，符合我国国情，可以在类似的地区探索应用；③氮高效品种具有明显的节氮增产、减少施氮量的效果，说明深入探讨作物高效吸收和利用氮素的生物学机制、培育氮高效作物新品种具有重要意义。

第四章　农田氮素利用与管理

第一节　农田氮素迁移与水体环境

过量的氮和磷向水体和大气转移，对大气和水体环境产生了许多方面的影响和危害，如向封闭或半封闭的湖泊、水库或向某些流速低于1 m/min的滞流性河口或海湾迁移，将使湖泊、水库、河口、海湾水域发生富营养化，水体浑浊，透明度降低，导致阳光入射强度降低，溶解氧减少，大量水生生物死亡，水生生态系统和水功能受到严重阻碍和破坏。NO_3^-和NO_2^-浓度过高，将影响饮用水质量并直接威胁人类健康。进入农田的氮素在其转化过程中产生的各种含氮气体如N_2O、NO、N_2和NH_3向大气迁移，除N_2外，它们有的直接参与温室效应，有的直接参与大气的化学反应，破坏臭氧层。

一、农田氮素迁移与水体富营养化

氮和磷是水体富营养化最重要的营养因子。当水体中磷（0.015 mg/L）达到一定浓度时，无机氮含量大于0.2 mg/L时，就可能出现“水华”现象，在河口、海湾出现赤潮现象。我国五大湖泊中，富营养化已呈现发展态势，其中巢湖已进入富营养化阶段，太湖、洪泽湖正向营养化阶段过渡，鄱阳湖已趋于中营养化阶段，洞庭湖也向中营养化阶段发展。不少中小型湖泊的营养状态也令人担忧，除少数边远地区的湖泊外，其他的基本上已处于中营养化阶段，其中云南的滇池以及异龙湖等已达富营养化状态。

湖泊富营养化的主要原因是过量氮和磷营养盐向湖泊迁移，其来源不外乎工业废水、生活污水、农田径流和水产养殖投入的饵料等。随着对工业污染源和生活污水治理力度的加大，通过农田径流向河湖水系输入的氮和磷已有比较高的和不可忽视的负荷比例，而且随着农业的发展，投入农田中的氮肥和磷肥将进一步增加，氮和磷营养盐从农田迁移到水体的数量也随之增长。

我国水体富营养化的面积正在逐年增加。据对全国 25 个湖泊的调查，水体全氮量均超过了富营养化指标，某些特征性藻类（主要是蓝藻、绿藻等）的异常增殖，使水体透明度下降，溶解氧降低，严重地影响了水生生物的生存环境，水味变得腥臭难闻。以上这些都是作物氮肥利用率低所致。以太湖为例，进入湖中的污染物 32% 来自农田排水，通过农田输入湖泊的氮量占输入湖泊全氮量的 7%～35%。

据资料显示，全世界施用于土壤的肥料有 30%～50% 经淋溶进入地下水，地下水的硝态氮污染与施肥量呈线性关系。化肥施用量过高的农区出现了严重的地下水硝态氮含量超标现象，这给我国许多城市居民饮用水安全造成了一定程度的威胁。江苏省、浙江省和上海市的 16 个县内 76 口饮用井中，井水硝态氮和亚硝态氮的超标率分别达 38.12% 和 57.19%，已超出我国规定的生活饮用水标准，严重危及人们的身心健康。

二、农田氮素迁移与饮用水质量

自 20 世纪 70 年代以来，地表水和地下水特别是地下水中 NO_3^- 浓度的增加，引起了很多国家的注意。许多研究结果表明，地表水和地下水中硝态氮浓度的增大都与农田氮肥使用量的增加有关。

人体摄入的硝酸盐有 80% 左右来自蔬菜，蔬菜中硝酸盐的含量水平直接关系到人体硝酸盐的摄入量。很多研究表明，蔬菜中的硝酸盐的含量与化学氮肥的使用量呈线性相关。近年来大棚蔬菜生产比例日益增大，而大棚蔬菜生产所使用的氮肥量远远高于大田蔬菜，大棚中土壤硝态氮的含量也远远高于大田蔬菜地土壤，因此蔬菜中硝酸盐的增加是一个值得关注的问题。

饮用水和食品中过量的硝酸盐会导致高铁血红蛋白症。婴儿胃的血液成分比成年人更容易生成高铁血红蛋白，患此症的危险性要大得多，其死亡率可达 8%～52%。同时，饮用水中的硝酸盐还有致癌的可能。对恶性肿瘤的流行病等调查表明，胃癌与环境中硝酸盐水平以及饮用水和蔬菜中硝酸盐的摄入量呈正相关。也有调查表明，肝癌的死亡率与地区土壤中硝酸盐含量呈正相关。鉴于硝态氮对人体的严重危害，世界卫生组织颁布的饮用水质标准中规定，硝态氮的最大允许浓度为 10 mg/L。

第二节 农田氮素迁移与大气环境

N_2O既是一种温室气体，又破坏臭氧层，成为近年来人们关注的重要气体。从肥料生产和使用过程中向大气迁移的NH_3的量可达840万吨/年，比氮肥使用过程中向大气迁移的N_2O（150万吨/年）的数量大得多。而在对流层中，NH_3通过光化学反应可生成NO和N_2O，因此农田NH_3向大气迁移的意义不仅是农业中的氮素损失，而且涉及大气化学，成为一个环境问题。

我国对农田N_2O排放的定位观测研究开始较晚，目前发表的相关论文也不多。我国是世界上一个重要的农业区，每年农田的N_2O排放量是一个不容忽视的问题。过去认为水田土壤中N_2O的排放量是微不足道的，但实际并非如此。这与我国水田独特的水分管理方式有关。我国水田90%以上都是间歇灌溉，而且在水稻生长期间还有烤田措施，这种水分管理方式有助于N_2O的产生与排放。

FAO（联合国粮食与农业组织）2001年报告全球每年来自施用氮肥的氨气挥发损失量达1100万吨，占当年施氮量的14%；来自水稻田的氨气挥发损失量为240万吨，占水稻田年施氮量的20%，其中绝大多数来自发展中国家，比例达97%。大量的氨气挥发损失，不仅造成肥料的利用率降低，而且对环境有很大危害。

农田土壤的硝化作用是微生物将氨氧化为硝酸盐，一般在好氧条件下发生；而反硝化作用则基本上是在通气不良条件下硝化作用过程的逆向过程，是将硝酸盐转化为含氮元素的气体的过程。这两个过程均有气态氮损失，其中N_2O具有环境敏感效应。土壤是大气N_2O的主要来源，土壤中生物反硝化作用、化学硝化作用和反硝化作用产生并排放的N_2O的量占全球N_2O总排放量的65%。迄今有关N_2O排放的研究多见于旱地土壤，对稻田土壤N_2O排放及其影响因素的研究不多，且一般认为稻田土壤在淹水状态下只能排放少量的N_2O。尽管如此，稻田土壤在干湿交替的水分条件下可能具有相当大的、向大气排放N_2O的潜力。

第三节　农田氮肥利用

一、农田化肥氮的循环与转化

在农田系统中，土壤氮循环和转化过程中氮可被分为有机氮和无机氮两个组成部分。农田有机氮主要来自作物的残体（如根和秸秆）和有机肥，这两部分构成新鲜氮库；新鲜氮库分解后可以形成微生物量氮库（包括活性和死亡两种形态的微生物量氮）和活性腐殖质氮库，最后形成惰性腐殖质氮库。

土壤无机氮主要包括硝态氮和铵态氮，主要来源包括化肥、干湿沉降和灌溉、有机氮的矿化、硝化作用等。土壤无机氮的输出途径包括作物吸收、氨气挥发、反硝化作用、淋溶过程。这些不同形态氮的转化和迁移受到作物和环境条件的影响。未被作物吸收利用而残留在土壤中的氮，经氨气挥发、硝化作用-反硝化作用以气体形态进入大气而污染大气环境；或随降水和灌溉水淋溶到土壤深层，或随径流进入地表水，从而污染地下水和地表水。农田生态系统中，氮素投入和支出之间的平衡对农业的可持续发展和环境保护相当重要。

我国肥料氮用量增长非常大，氮肥对生态环境造成的潜在威胁，使氮肥的去向成为科学研究的一个重点。作物吸收氮是土壤氮素去向的重要部分，也是农业生产者最关心的问题。随着氮肥的大量施用以及作物优良品种的选用，作物产量有了很大的提高，作物带走的氮素绝对量增加了。但据中国农业大学植物营养系调查所得，我国农田收获物氮素再循环率大幅度下降，目前约为30%～40%。这表明我国农业生产正面临着氮素资源的极大浪费，这是我国农业急需解决的问题。

固定态铵是土壤氮素的重要组成部分，在现代农业耕作中，土壤的固定态铵主要来源于氮肥和有机肥的大量施用。土壤固定态铵的数量与固定机制对评价土壤氮素的真实矿化量、评价化学氮肥的残效、区别生物固持氮的效应方面具有重要作用。铵的固定使一部分氮素不能立刻被作物利用，但由于其有效性远高于生物固持氮，在保肥（降低溶液中铵的浓度，防止氨气挥发）、稳肥方面有重要意义。同时，固定态铵是土壤氮素内循环的重要环节之一，与其他氮素转化过程密切相关。

许多研究者进行有关肥料氮去向试验时发现，除作物吸收的氮外，肥料氮的损失变化范围在1%～30%。淋溶和反硝化作用被认为是肥料氮从土壤中损失的两个最重要的过程。硝酸根离子不能被土壤胶体和黏土矿物所吸附，在土壤硝酸盐含量较高和水分运移良好的条件下极易发生淋溶损失。作物在生长的季节对氮的吸收，可减少土壤中的NO_3^-，使得NO_3^-从根区的淋溶损失几乎不发生，除非氮肥的使用量超过了作物需求量。因此，氮从根区的淋溶可能在施氮后的1～2周内发生，在此期间，当处于高温多雨季节时，对氮肥的施用必须特别慎重。

另外，硝酸盐淋溶与土壤质地、耕作方式、氮肥类型、作物种类、生长密度以及地下水位都有很大的关系。实际生产过程中，应将各种因素综合起来考虑，这是因为硝酸盐淋溶不但会造成氮肥利用率降低和经济利益下降，更重要的是可能对地下水造成污染。土壤硝化作用和反硝化作用均有N_2O和N_2的释放，其释放特点及对环境的要求有一定的差异。硝化作用释放的N_2O和N_2主要发生在土壤表层，需要好气环境。而反硝化作用释放的N_2O和N_2发生在相对较深的土层，需要低氧高湿环境。农田土壤反硝化作用所致的肥料氮的损失量通常占总损失量的10%～30%。

土壤氮素可通过氨气的挥发直接返回大气，当铵态氮施用于pH大于7的石灰性土壤表面时，有相当数量的氮以氨气的形式损失。氨气的挥发作用会通过NH_4^+被土壤胶体吸附或溶解在土壤溶液中而减弱。在氨气的挥发过程中除随着温度的升高而加速外，地上部分空气的流动也会影响氨气的挥发，可能引起氨气从土壤表面的转移。氨气的挥发过程非常复杂，一般用微气象学方法进行研究，也有使用一些小型吸收装置进行研究的。

二、氮肥利用率

氮肥利用率低是当今作物生产的世界性难题，它不仅造成氮素浪费，同时流失氮会使农田周围的环境污染恶化。从FAO提供的资料来看，我国1995～1997年水稻种植面积约占世界水稻种植总面积的20%，我国水稻氮肥用量占全球水稻氮肥总用量的37%。我国稻田单季水稻氮肥用量平均为180 kg/hm^2，这一用量比世界稻田氮肥单位面积平均用量大约高75%。与主要产稻国相比，我国水稻生产氮肥施用量较高且利用率较低。

我国是广种水稻的国家，产量约占世界总水稻产量的30%，稻谷在我国粮食生产和人民消费中均占第一位。南方是国内稻谷主产区，南方各省的稻谷种植面积约占全国稻谷种植总面积的83.5%，稻谷产量约占全国稻谷总产量的81.5%。农民为获得高产往往增加氮肥施用量，尤其是近十多年来，随着水稻品种改良和产量水平的提高，施氮量不断加大。在我国苏南地区，年均施氮量达到

600～675 kg/hm²，利用率平均为 20%～25%。国内各地进行的^{15}N微区示踪试验表明，在水稻上氮肥的损失率多为 30%～70%。目前，在水稻高产栽培中，氮肥（纯氮）施用量已达 300～350 kg/hm²，有的甚至高达 400～450 kg/hm²。然而，氮肥用量的增加并没有相应提高水稻氮肥的吸收利用率。据报道，我国稻田氮肥吸收利用率为 30%～35%，而发达国家平均已达 50%～60%。目前，浙江和江苏等一些氮肥用量高的省份，吸收利用率低于 20%。江苏省水稻的氮肥吸收利用率仅为 19.9%，显著低于全国平均水平。氮肥利用率低的原因主要有以下三点。

（一）偏施氮肥，农田养分施用不平衡

在我国传统的施肥方法中，大部分凭经验施肥，缺乏计量施肥的概念。氮肥使用后直观效果更明显，稻农往往偏施氮肥，使氮肥、磷肥、钾肥比例失调，这样不仅造成农田肥料利用率低下，带来令人担忧的环境问题，而且对农业生态系统的内部结构产生了危害。例如，破坏土壤结构，土壤有机质含量下降，保水保肥能力下降等。

（二）农田管理方式不合理

农田地表管理与施肥方式对肥料利用率也会产生很大影响。有报道将田埂高度由 6 cm 增加到 8 cm，则稻季径流量和氮素径流排放量约分别降低 73.4%和 90%。在灌溉方式上，农户大都采取大水漫灌、淹灌和泡田弃水等方法，使肥料的流失量很大。我们要在水管理途径上减少流失。以稻田为例，基本上可以归纳出四类节水灌溉的模式："浅、湿、晒"模式（此种模式应用最广），"间歇淹水"模式，"半旱栽培控制灌溉"模式和"蓄雨型节水灌溉"模式。由于不同灌溉模式的具体淹水、露田、落干时期与程度（标准）不同，在选择合适的节水灌溉模式时，应根据土壤质地与肥力、地势、地下水埋深、气象情况以及水源条件等因地制宜地选用。

如果氮肥表施，稻田表面水中铵态氮浓度增加，pH 上升，从而增强氨气挥发损失。将铵态氮肥施用于处于还原态土壤中能显著降低氨气的挥发损失。DeDatta 认为，氮肥深施是提高淹水稻田氮肥利用率的最有效途径。朱兆良认为，综合考虑氮素的损失、作物对氮的吸收以及劳动力消耗等因素，氮肥深施的深度以 6～10 cm 比较适宜。韩晓增等人用"动态密闭气室法"对东北北部黑土地区水稻田肥料氮的氨气挥发进行了测定，测定的数据结果表明，在黑土区的生产者经常采用的施肥量和施肥方法条件下，稻田化肥氮的氨气挥发量占施氮量的 8.8%～17.2%，平均为 12.8%。在同等施肥量条件下，表层施用方法氨气挥发

损失量量最大，相当于氮肥深施方法的2倍。

（三）氮肥施用时期

氮肥施用时期不同也会影响氮肥利用率。在江苏、浙江、湖南、广东的调查结果表明，农民通常将氮肥总量的55%～85%作为基肥在移栽前10天内追施。水稻前期施氮量高，有利于返青和分蘖，尤其对分蘖力偏低的超级杂交水稻及大穗型品种效果更明显。但是大量氮肥在前期就进入土壤和灌溉水中，水稻根系尚未大量形成，水稻对氮素需求量不是很大，使肥料氮在土壤和灌溉水中浓度高、停留时间长，加剧了氮素的损失。背景氮含量高的土壤前期施用大量的氮肥，其损失量就更大。

在稻田氮肥损失中，氨气挥发占很大比例，这是稻田氮肥损失的主要原因之一。国外研究表明，氮肥表施时，氨气挥发损失量占总施氮量的10%～60%；国内报道，氨气挥发损失量占总施氮量的9%～40%。在同一地区的相同土壤类型、气候条件及同一品种条件下，除施肥方法和施肥量会影响氨气挥发外，施肥时期对氨气挥发也有影响。在相同施用量和相同施用方法下，分蘖期施用可减少氨气挥发。水稻生长后期作物高大，减少了氨气挥发；另外，由于作物高大遮光，限制了藻类生长和光合作用，水面pH上升较小，减少了氨气挥发；同时，这一时期作物根系生长最旺，吸收力最强，施入土壤中的化肥氮迅速被吸收，减少了氨气挥发。基肥氨气挥发量平均占施入的化肥氮量的15.2%，蘖肥氨气挥发量平均占施入的化肥氮量的13.2%，穗肥氨气挥发量平均占施入的化肥氮量的4.4%

三、氮肥管理技术

过量施用氮肥造成的经济损失和生态环境危害，已引起了人们的关注。因此，确定适宜的氮肥用量、理清氮肥去向、减少损失、提高氮肥利用率、利用增产效应以及最大限度地降低氮肥对生态环境的不利影响，已成为我国农业发展面对的核心问题。解决这一问题的关键，是在深入研究土壤氮素转化和肥料氮的去向，并对氮肥的各种损失途径进行定量化研究的基础上，提出科学的施肥技术，做到真正的合理施肥。

我国传统的施肥方法中，大都凭经验施肥，缺乏计量施肥概念。有关农田适宜施肥量的确定仍是未解决的难题。太湖地区是我国重要的农业高产区，肥料投入量一直呈上升趋势，使该地区水污染日益严重，因此该地区的农田适宜施氮量成为科研工作者关注的重要问题。在目前生产条件下，兼顾生产、生态和经济效益，219～255 kg/hm² 为太湖地区黄泥土上比较合理的水稻施肥量，相应的适宜产量为 8601～8662 kg/hm²。崔玉亭等人认为稻田 221.5～261.4 kg/hm² 的氮肥用量是兼顾生产、生态和经济效益比较合理的施肥量，相应的产量范围是 7379.6～7548.6 kg/hm²。还有研究表明，稻季氮肥施入量为 225～270 kg/hm² 较为适宜，产量范围为 7000～9000 kg/hm²。经郭汝林研究，161～241 kg/hm² 稻季氮肥施入量可以使产量达到 7285～8172 kg/hm²。141～200 kg/hm² 的施氮量是目前生产条件下浙江中部酸性紫泥砂水稻土地区比较合理的氮施用量范围，相应的生态经济适宜产量范围为 6848～7101 kg/hm²。以上这些研究都说明了水稻吸氮量在一定施肥量范围内会随着施肥量增加而增大，但是如果施肥量高到一定的程度，作物吸氮量就不再增加，多施的肥料就会损失掉，增加环境中的活化氮，加重环境的负担。

近十多年来推广的稻田水肥综合管理技术，源于旱作上“以水带氮”原理，于稻田田面落干、耕层土壤呈水分不饱和状态下表施氮肥后灌水。与农民习惯采用的撒施氮肥于田面水中的方法相比，这种措施降低了田面水中的氮量，可减少肥料氮的损失。20 世纪 80 年代末以来，朱兆良等人对稻田氮肥去向做了大量的研究工作，以此为基础提出了水面分子膜技术，用以抑制稻田氨气的挥发损失，该技术的成熟对减少稻田氮肥损失具有重大意义。用无机氮作为推荐施肥指标是国外近年来广泛采用的诊断指标。这一推荐施肥方法，适用于相对均一且淋溶不强的土壤，现已被成功地应用于我国北方旱地小麦和蔬菜等作物的氮肥施用上。为了更大程度地提高氮素利用效率，协调农业生产与环境保护之间的关系，我国的一些研究者开始采取分期优化施氮技术，即了解不同时期作物对氮素的需求，通过对土壤无机氮的测试来确定氮肥施用量。目前，这一技术已取得了初步的成功。

国际上关于原位条件下土壤肥料氮素各个去向的综合研究积累了一些成功的经验，这为以后提高施肥技术奠定了基础。定量化的氮肥推荐技术在国内外研究应用较多，如养分平衡法、肥料效应函数法、土壤肥力指标法、营养诊断法等。研究者在利用速测技术和小型仪器测试方面，也做了大量工作，如建立了水稻叶色诊断推荐施肥技术、不同作物的测土施肥技术、植株叶绿素仪技术、反射仪技术和土壤硝酸盐速测技术等。这些技术在一定程度上改善了以往凭借经验盲目施肥带来的氮肥施用过量的问题。

尽管前人在降低氮素损失和提高氮肥利用率方面做了大量工作，但是稻田氮肥利用率提高不是太明显，其主要原因与氮肥施用量持续增加有关，其次是降低氮素损失和提高氮肥利用率的新规律和新技术没有在水稻生产中广泛推广和应用。

第四节 农田氮素平衡

养分循环是生态系统最基本的功能之一。农业生态系统与自然生态系统最大的区别在于它是一个人工控制系统，需要不断的人为补给和控制才能持续发展。因此，人为控制下的农业养分循环是建立持续农业的基础。了解农业生态系统中养分的循环和平衡特征，合理调控养分的输入与输出，是实现农业持续稳步发展所必需的。氮素是农业生态系统中最活跃的元素之一，它积极参与各子系统间的转化和循环，同时氮素作为农业生产中最重要的养分限制因子，是导致环境污染的重要因素。

氮素污染主要源自农业系统氮素盈余而导致的损失。研究表明，氮素盈余和损失之间存在极显著的正相关关系。氮素平衡分析通过对一个系统的投入和产出进行定量化，可以确定系统内的氮素盈余量。利用氮素平衡分析预测不同管理措施对氮素损失的影响，是一个具有较大潜力的管理工具。因此，氮素平衡分析作为评价农业系统氮素利用的定量方法已经有 100 多年的历史，至今仍然在普遍应用。

在欧盟各国，已经把农场的氮素营养平衡作为养分立法中的一个关键因素，要求农民必须按照每年盈余量的许可临界值权衡其主要投入和产出。临界值的确定主要根据作物种类和土壤类型，如果盈余量一旦超过规定的最高限量，那么就要被征收环境污染税或处以其他类型处罚，这一措施的积极作用是唤醒农民的认识并重新审视他们日常的农作管理措施与环境的关系。

养分平衡计算可以在不同尺度、不同部门进行，如农田尺度、农场尺度、区域尺度和国家尺度的作物种植和畜禽养殖，在其基础上进行营养平衡既有益于经济，也有助于环境。在农场尺度更有助于养分优化管理，在区域或国家尺度则可用于评价农业对环境的影响，但不论哪种尺度的养分平衡计算，遵循的基本原则都是相同的。

氮素平衡的计算方法主要有两种，一是农场总体平衡法，二是土壤表层平衡法。这两种方法均可用于计算不同类型和不同尺度农业系统的氮素平衡状况。

我国运用农业生态系统生物地球化学模型方法，在 GIS 区域数据库的支持下，以 1998 年为例估算全国尺度的农田土壤氮平衡状况，并探明土壤氮素基本去向和氮素污染的可能性。在长三角地区对典型稻作农业小流域进行定位观测与现场调查，通过估算氮素平衡来分析预测流域农田氮污染潜势。根据 2002 年基本统计数据和相关参数，对长江三角洲经济区氮平衡及其环境影响进行了估算与分析，预测长江三角洲经济区将面临氮过量引发的严重环境问题。我国借助物质流分析中“输入＝输出＋盈余”的原理，以氮素养分为介质建立我国农田生态系统氮素平衡模型，然后用 2004 年中国农业统计资料和文献查询获取的参数，估算我国不同地区的氮养分输入输出以及养分盈余，并且分析养分产生的环境效应。模型计算结果表明，2004 年农田生态系统通过挥发、反硝化作用、作物蒸腾、淋溶径流和侵蚀等途径损失的氮量为 1132.8 万吨，盈余在农田生态系统土壤中的氮量为 1301.2 万吨，通过损失途径进入环境中的氮和盈余在农田生态系统中的单位面积耕地氮负荷高风险地区，均集中在我国的东南沿海和部分中部地区。

第五章　农田养分信息化管理

第一节　施肥信息管理技术

计算机在农业中的应用大致可分为：20世纪60年代至70年代中期，计算机主要用于农业科学和数据的计算；20世纪70年代后期至80年代，注重农业生产的信息的采集处理和数据库的开发；20世纪80年代末至90年代是以智能技术、遥感技术、图像处理技术和支持系统技术进行信息和知识的处理，对农业生产进行科学管理。随着研究的深入，计算机的应用范围不断扩大，已经渗透农业的各个方面。近年来，发达国家农业的一部分进入了全面采用电子信息技术以及各种高新技术的综合集成阶段。

信息技术在施肥中的应用经历了施肥数据的计算、施肥数据库的建立、专业模型的开发、施肥信息系统的研制以及精确施肥技术的研究这五个阶段。

国外在20世纪70年代和80年代初，计算机主要作为一种计算工具在肥料试验和施肥研究中得到广泛的应用。1976年FAO在巴西、印度、印度尼西亚等国大面积农田上开展推荐施肥，取得了良好的效果。由于当时计算机不够普及，试验数据集中在FAO总部做统一处理，同时施肥研究基本限于单元素试验，计算机只是作为一种试验数据计算的工具而已。发达国家利用计算机建立和开发出一些比较成熟的施肥咨询系统。例如，美国奥本大学的计算机管理的推荐施肥系统有52类作物的施肥标准。美国国际农化服务中心应用“确定植物最佳生长所需养分的观察研究实验室和温室技术”的软件，可对140种作物的11种营养元素提供咨询服务。美国研究者提出“作物-环境资源综合系统（CERES）”，该系统以大量的气候、作物品种、生理特性、水分及养分平衡等数据作为依据，对玉米和小麦进行氮素推荐。加拿大的土壤测定实验建立了土壤肥力分析和施肥推荐管理系统，该系统包括：数据录入、参数计算、样品监控、计算意见和系统管理五个模块；该系统存有详细的土壤和作物生产信息，实现了土壤测定和推荐一体化服务。

20 世纪 70 年代末，美国出现了农业专家系统。例如，1978 年，美国伊利诺伊大学开发大豆病虫害专家系统。美国于 20 世纪 80 年代成功开发棉花专家系统，这是一个基于模型的专家系统，可以给出棉花施肥、灌溉的日程表和落叶剂的合理使用等与生产管理有关的最佳方案。

我国由于施肥科学的基础资料积累少以及计算机普及的限制，直到 20 世纪 80 年代中后期才出现计算机用于施肥试验数据的分析和处理以及以数据库为主要特征的各种施肥咨询系统，主要有中国农业科学院土壤肥料研究的“土壤肥料试验和农业统计程序包”。国家“七五”科技攻关计划“黄淮海平原计算机优化施肥推荐和咨询系统”。该计划由 5 个县肥料试验数据库支持下的县级推荐施肥子系统组成，具有针对试验数据储存、检索、统计分析、建立模型、根据用户提供的地力条件、土壤养分指标等情况提出施肥量、预报产量和经济效益等咨询服务的功能。中国农业大学提出了“土壤—肥料—作物—气候综合推荐施肥系统”，结合电超滤和计算机相结合的“ECC 推荐施肥系统”。中国农业科学院提出了“土壤养分系统研究法中测土施肥建模和应用”等。

1985 年中国科学院合肥智能机械研究所与安徽农业科学院土壤肥料研究所合作，系统总结砂姜黑土地区小麦施肥、试验示范积累的宝贵经验，首先研制出我国第一个施肥专家系统，即“砂姜黑土小麦施肥专家系统”。根据实测的土壤理化参数和土壤肥力参数评估土壤肥力水平，利用施肥量和作物产量关系推算肥料运筹与施肥方法，提出在非正常情况下的补救措施，以及计算化肥产投比与施肥效益等，发挥肥料的增产潜力，提高肥料利用率。“七五”国家科技攻关计划“计算机施肥专家系统”的研究中，共建立了 13 种作物 23 个施肥专家系统，并进一步开发出面向施肥专家系统和农业专家系统的开发工具——“雄风”系列。我国“863 计划”智能计算机主题专家组已经在北京、安徽、云南和吉林建立了四个智能化农业技术应用示范区，在计算机上以形象直观的形式向使用者提供各种农业问题决策咨询服务，并取得明显实效。

施肥信息系统将向更高级的施肥决策支持系统和专家系统方向发展。农业系统很复杂，面对定义、边界和结构不明确的问题，基于系统工程方法的模拟模型常常无能为力，而专家系统适合这类问题的研究。因此，如何将模拟模型和专家系统结合起来，加上人工智能的决策功能，即具有高度智能化的施肥决策系统已经成为当前的研究热点。施肥专家决策支持系统由方法库、模型库、数据库和用户接口四大部分组成，用户可以用灵活、方便的方式与计算机交流。施肥决策支持系统能根据用户的提问去寻找解决施肥问题的方法。

精确农业的基本含义是把农业技术措施的差异从地块水平精确到平方米水平的一整套综合农业管理技术。精确农业以遥感技术（RS）、地理信息系统技术（GIS）、全球定位技术（GPS）以及专家系统或智能系统（ES或IS）作为技术支撑。目前，我国在此领域的研究刚刚起步，还没有在实际中得到应用，应加强适合我国农业生产特点的精确农业的研究，建立精确农业的示范研究基地。

一、指导施肥的基本原则

“养分归还学说”是由19世纪德国化学家李比希提出的，其主要论点是作物的收获会从土壤中带走养分，从而使土壤中的养分越来越少，如果要恢复地力，那么应该向土壤增施养分，归还由于作物收获而从土壤中取走的全部养分，否则作物产量就会下降。“养分归还学说”也是土壤养分平衡和培肥的理论基础。“养分归还学说”改变了过去局限于低水平的生物循环，通过增施肥料，扩大了物质循环，为作物优质高产提供了物质基础。

“最小养分律”是指作物的产量高低受作物中相对含量最少的养分的制约，产量在一定程度上随这种养分的变化而变化。值得注意的是，最小养分指土壤中相对含量最小，相对于作物是最需要的养分。作物氮、磷、钾三要素中，氮往往是最缺乏的。“最小养分律”是强调作物营养“平衡”的理论基础。

“报酬递减律”是指在假定其他要素相对稳定的情况下，随着施肥量的增加，作物产量也会随之增加，但单位肥料的产量增加量却下降。“报酬递减率”提示了施肥与经济效益之间的关系，在不断提高肥料用量到一定限度的情况时，会导致经济效益的下降。“报酬递减律”是施肥经济学的理论基础。

“因子综合作用律”是指作物产量受作物生长发育过程中的各种因子综合作用影响，如水分、温度、养分、空气、品种、耕作和病虫害等。施肥必须与其他农业技术措施相结合，即使在其他因子相对稳定不变的情况下，各种肥料养分之间也应合理配合使用。

二、施肥计量方法的进展

长期以来，我国一直以经验性施肥为主。有的地方没有应用土壤测试作为土壤肥力判别和肥料推荐的依据，有的地方没有解决多种肥料效应方程的汇总问题，不仅肥料资源未能充分发挥其增产作用，而且延缓了农业生产发展的进程。

定量化施肥是一门科学性、实用性很强的学科。用于研究作物产量和施肥量之间关系的理论和方法很多，就施肥方法的科学基础而言，确定施肥量的方法主要有肥料效应函数法和测土推荐施肥法。

（一）肥料效应函数法

肥料效应函数法主要以肥料田间试验和生物统计为基础，重点考察肥料投入和作物产出之间的数学函数关系，通过求极值和边际分析，计算最高产量施肥量、最佳施肥量、最大利润施肥量等施肥参数。该方法直接用于作物生产，在特定的作物-气候-土壤条件下获得施肥结果，其准确性和真实性是其他方法所不能比拟的。由于没有充分考虑土壤肥力的差异性，土壤被视为“黑箱”，仅对输入信息（施肥量）和输出信息（作物产量）进行数理统计，计算出尽量接近实际情况的肥料效应方程，其肥料效应方程的地区适应性较差，推广应用受到限制。

（二）测土推荐施肥法

测土推荐施肥法是以土壤肥力化学为基础，土壤测试为手段，根据土壤供肥、性能、作物吸肥特性和肥料利用率，由养分平衡施肥公式求得施肥量，它是西方农业发达国家应用比较多的施肥方法。实际上近半个世纪以来，肥料推荐总是同土壤测定和土壤测定结果的解释相联系，实际应用中，测土施肥方法大致可分为以下三类。

1. 目标产量法

1960 年，该方法由曲劳在第七届国际土壤学大会上提出，后被斯坦福发展并应用于生产实践中。通式如下：

$$一季作物施肥量=\frac{作物吸收量-土壤供肥量}{肥料当季利用率\times肥料中有效养分含量}$$

要做到精确定量施肥，必须掌握目标产量、作物需肥量、土壤供肥量、肥料利用率和肥料中有效养分含量五大参数。这五大参数缺一不可，它们是精确施肥的基础。目标产量法的关键是建立土壤测定值与作物吸肥量、土壤供肥量和肥料利用率等之间的数学关系，通过土壤测定值求得上述施肥参数。

2. 肥力指标法

肥力指标法是测土推荐施肥最经典的方法。该方法基于作物营养元素的土壤化学原理，选取最佳提取剂，测定土壤有效养分，以生物相对指标校验土壤有效养分指标，确定相应的肥力分级范围值，用以指导肥料使用。早期土壤肥力指标法是把肥力划分为高、中、低三级，“高”不需要施肥，“中”需要适量施肥，“低”需要大量施肥。目前，有两种校正施肥量的方法，一种是根据多点肥料试验函数方程计算最佳施肥量，然后与土壤测定值之间建立数学模型，由数学模型求得不同土壤测定值时的施肥量；另一种是在不同肥力等级田块上进行肥料试验，然后按肥力等级归纳出肥料效应方程并计算最佳施肥量。

3. 土壤养分状况系统研究法（ASI 法）

土壤养分状况系统研究法是多年来在国际土壤测试和推荐施肥研究的基础上逐步发展形成的。美国国际农化服务中心的 A. H. Hunter 在总结前人工作结果的基础上，于 1984 年提出了用于土壤养分状况评价的实验室分析和盆栽试验方法。后来 Sam Porch 对此方法进行了修改，并开始在中国—加拿大钾肥项目中应用此方法。目前，此方法在我国应用较广。ASI 法的主要特点是以养分平衡原理为基础，综合考虑大、中和微量元素的综合平衡，根据土壤对主要营养元素的吸附固定、肥料利用率和施肥量的影响，明确土壤中存在的或潜在的养分限制因子，从而确定施肥量。

第二节　计量施肥模型

根据建立模型的原理和方法，施肥模型可分为经验模型和机理模型。经验模型又称为统计模型、静态模型、描述模型或效应曲线预测模型。经验模型主要是通过肥料试验建立模型，进而根据模型确定经济合理施肥量，这是目前确定施肥量的主要方法。机理模型又称模拟模型或动力学模型，这种模型是将数学方法与物理、化学或物理化学的原理结合在一起，对土壤—作物—肥料体系中的某些过程进行数学概括而建立起来的。两类模型的主要区别在于经验模型是在一定自变量区间，用经验函数描述作物产量与施肥量之间的关系，而不顾及其专业上的逻辑联系和机理。而机理模型是通过模拟作物生长发育的营养过程，确定作物对肥料的需要量，随着计算机的应用，机理模型的应用前景很广。

自 20 世纪初德国著名农业化学家米采利希（E. A. Mitscherlich）首先用指数函数 $y=A(1-10^{-cx})$ 这一肥料效应方程来描述作物产量与施肥量之间的关系以来，现在至少已经出现十多种肥料效应方程。我国肥料效应函数指导研究起步较晚，1978 年始见报道。20 世纪 80 年代由于平衡施肥的需要，推动了我国肥料函数的研究与应用，提出了大量的试验设计方案和微机程序。我国施肥实践中，单因素试验用得最多的是一元二次方程（$y=a+bx+cx^2$），双因素试验为二次方程最普遍（$Y=b_0+b_1x_1+b_2x_2+b_3x_1x_2+b_4x_1^2+b_5x_2^2$）。这两个方程能全面反映低量、适量和过量肥料施用对作物产量的影响，全面表达了作物产量与施肥量之间的关系，不但能计算经济最佳施肥量、最高产量施肥量，而且能预示过量施肥带来的减产。“七五”国家科技攻关计划“黄淮海平原主要作物计算机推荐和咨询系统”就是以氮和磷的二次施肥方程为依据的。

随着研究的深入，出现了一系列的施肥模型。例如，平方根多项式模型：$y=b_0+b_1x^{0.5}+b_2x$ 和1.5次方程式模型：$y=b_0+b_1x^{0.75}+b_2x^{1.5}$；逆二次多项式函数模型：$y=\frac{b_0+b_1x+b_2x^2}{1+b_3x}$ 和 $y=\frac{b_0+b_1x}{1+b_2x+b_3X^2}$。反二次模型：$\frac{x}{y}=b+b_1x+b_2x^2$，折线或两条直线相交效应模型：$y=b_0+b_1[(x-b_2)-|x-b_2|]$。研究者研究玉米氮肥效应模型时提出了加平台函数，包括线形加平台模型和二次函数加平台模型。

上述模型都是以施肥量为自变量的单一模型，把试验农田作为“黑箱”，仅对输入信息（施肥量）和输出信息（作物产量）进行数理统计。为了提高施肥模型的推广应用价值，人们尝试着在单一施肥模型中引入地点变量。最早的设想是将土壤养分测定值等自变量引入肥料效应函数中，因此出现了综合施肥模型。于20世纪60年代用正交系数函数把土壤养分测定值等地点变量引入肥料效应方程，建立综合施肥模型，达到了肥料效应函数的“测土施肥”目的。我国李仁岗、杨卓亚等人在这方面取得了一些进展。

目前，在施肥实践中普遍应用的还是经验模型。但计算机和系统分析等技术日新月异的发展带动了施肥模拟模型的快速发展。构建模拟模型的前提条件是对土壤养分迁移转化过程和作物营养特性等有一个比较透彻的了解以及良好的计算机建模技术。目前，国际上施肥模拟模型的研究重点放在氮素上，影响较大的有CERES系统和Gosym－Comax棉田管理专家系统。我国出现了“砂姜黑土小麦施肥专家系统”和考虑土壤—肥料—作物—气候的综合推荐施肥系统。

施肥模拟系统的发展有着极其诱人的前景，但过于复杂，需要太多参数的模型效果并不一定好，它不能解决田间条件下出现的一些细节问题。例如，缺乏全面精确和足够详细的基本数据，即使采用最高级的模拟运算也是得不到理想效果的。实际上，目前在土壤养分和植物营养研究领域中，并未完全弄清发生于土壤中的许多物理、化学和生物过程、土壤时空变异性等。我国在这方面的研究工作起步较晚，主要工作还是对国外模型的引进、验证和参数修正，离实际生产应用还有一段距离。

第三节 农田土壤养分空间变异

一、精确农业发展的基础

近年来，随着“精确农业”的发展，要求我们快速、有效地收集和描述影响作物生长环境的空间变异信息。土壤空间变异的研究，可以为提高田间信息采集精确度、减少采样数目、降低采样成本提供理论基础和方法指导。同时，通过研究不同尺度下土壤特性的尺度效应，阐述其空间变异尺度效应，实现不同空间尺度间的转化，为进一步提高田间采集信息的效率和改善农田的精细管理提供理论依据。

二、土壤养分空间变异的主要影响因素

土壤特性变异性是普遍存在的，其变异来源包括系统变异和随机变异。土壤特性的系统变异是由土壤母质、气候、水文、地形、生物、时间、人类活动等差异引起的。而随机变异是由取样、分析等误差引起的。土壤中大量和微量元素的空间变异性取决于土壤母质的性质和地形位置，并与气候、大气沉降、降雨和农业措施等有关。研究发现，土壤母质差异在解释土壤空间变异性时比地形位置更为重要。

气候是影响土壤特性空间变异的基本因素。气候支配着成土过程的水热条件，直接或间接地影响着土壤形成过程的方向和强度，而土壤特性空间变异程度取决于土壤形成过程及其在空间和时间上的平衡，因此气候的差异会对土壤特性空间变异产生强烈的影响。由于地球上的气候条件变化频繁，大多数土壤都是各种成土过程交互作用的结果，土壤特性空间变异现象相当普遍。

土壤母质对土壤特性变异有较大影响。土壤母质是土壤形成的基础，往往由于母质的差异，土壤特性存在着较大的变异。母质差异小，土壤特性空间变异也小。一般认为，在没有人为因素影响的情况下，母质养分含量高，土壤中的养分含量也会较高。但在特定区域内，由于气候条件等相同，经过长期比较相同的种植和管理方法后，土壤特性空间变异将趋于缓和，即由于母质差异等引起的变异逐渐减小，可形成表面上大致相同的区域。

地形与土壤特性变异有直接的关系。地形影响水热条件和成土物质分配，因此不同地形位置有着不同的土壤特性。目前的研究结果表明，在坡度相似的位

置，土壤特性趋于相似。在复杂的丘陵地区，土壤物理特性如黏粒含量、砂粒含量、pH 与地形位置均有高度相关性，土壤有机质随山坡位置变化而变化。地形是影响硝态氮含量的重要因素。

人类活动对土壤特性变异也有较大影响。农业生产中的施肥（化肥或有机化肥）、作物品种、灌溉及其他的一些生产管理措施都是使土壤特性产生较大变异的因素。作物对养分的吸收、养分本身在土壤剖面中的淋溶及土壤酸碱调节剂的应用都会引起土壤特性的空间变异。

三、土壤养分空间变异的研究方法

（一）传统统计分析方法

田间实际情况表明，在同一类型土壤中，田间土壤特性表现出明显的差异性。在土壤质地相同的区域内，土壤特性在各个空间位置上的量计原理是假设研究的变量为纯随机变量，样本之间是完全独立且服从某个已知的概率分布。其统计方法是按质地将土壤在平面上划分为若干个较为均一的区域。在深度上划分为不同土层，通过计算样本的均值、标准差、方差、变异系数以及进行显著性检验来描述土壤特性的空间变异。许多研究者用变异系数等来描述土壤特性的空间变异。该方法在土壤科学工作中已经取得了一定的成绩，但由于其基本上是定性描述，只能概括土壤特性变化的全貌，而不能反映其局部的变化特征，对每一个观测值的空间位置不予重视，在很多情况下很难确切地描述土壤特性的空间分布。国外许多土壤科学工作者从事土壤特性空间变异性规律方面的研究表明，许多土壤特性在空间上并不是独立的，不属于纯随机变量，而是在一定范围内存在着空间上的相关性，这种属性是由土壤形成过程的连续性、气候带的渐变性等造成的。

（二）地统计学分析方法

地统计学分析方法可用于土壤特性空间变异研究的定量分析，它是地质矿产部门在探矿和采矿时采用的一种先进的空间变异分析方法。其要点是根据地面不同选点钻井获得的不同深度的数据资料，寻求数据信息与采样点的位置和采样深度的统计相关性来对矿产进行空间结构分析与数量估计。该法首先是由法国著名学者 Matheron 建立起来的。他仔细研究了 Krige 在 1951 年提出的矿产品位和储量估值方法，提出了区域化变量理论。该理论认为变量具有空间分布特征，结构性和随机性并存，样品之间具有空间相关性。一些学者曾对地统计学分析方法做了全面的论述，此法是以区域化变量为核心和理论基础，以矿质的空间结构（空间相关）和变异函数为基本工具的一种数学地质方法。地统计学分析方法具有提高采样效率、节省人力物力、允许在空间上不规则采样和可进行优化插值计算等优点。研究者在研究两个土壤制图单元中的砂粒含量和 pH 空间变异时，首先采用了地统计学分析方法。20 世纪 80 年代以来，利用地统计学分析方法来研究土壤特性空间变异已成为土壤科学研究的热点之一。大量研究表明，地统计学分析方法中半方差图和 Kriging 分析在研究土壤特性空间变异中取得了相当大的成功，并得到了广泛应用。半方差图是利用变异函数研究土壤特性空间变异并产生一个合适的空间变异模型，是地统计学解释土壤特性空间变异结构的基础，它的精确估计是空间内插的关键。而 Kriging 分析是利用了半方差图的模型进行测定点之间的最优内插。半方差图揭示了土壤样本变异与由各个样本分离的偏离距离之间的关系。根据这种关系可以选择得到样本方差和样本数目最佳的偏离距离。

（三）土壤养分空间变异特征

对土壤特性（物理、化学及生物性质）尤其是土壤养分空间变异的充分了解，是管理好土壤养分和合理施肥的基础。因此，与土壤特性空间变异有关的问题引起了土壤科学工作者的重视。

国外学者自 20 世纪 60 年代提出土壤特性空间变异以来，应用地统计学分析方法主要偏重于研究土壤物理性质空间变异，并取得了长足进展。20 世纪 80 年代初期，我国学者也逐步认识到地统计学分析方法在土壤特性空间变异研究中的实用性，先后对土壤的物理参数（如颗粒组成、团聚体大小、容重等）、状态参数（如水分含量、水力传导度等）等方面进行了研究。进入 20 世纪 80 年代尤其是 90 年代以来，国外应用地统计学分析方法对土壤养分空间变异进了大量的研究。研究发现，每公顷农田内的铁、锰有相当强的空间依赖性，空间相关距离在 80～100 m，但锌和铜则几乎没有。相当数量的研究表明，小区域范围内土壤养分是空间相关的，土壤有机质的空间相关距离为 50～350 m；速效磷和钾的空间相关距离有较大差别，一些研究结果在 100 m 以上，还有一些研究结果在 60 m 以下；硝态氮的空间相关距离在 30 m 以下且其相关范围受季节（时间）的影响较大。还有一些研究指出土壤养分空间变异可存在几毫米的空间上。由于地统计学通常要求均匀样，这给较大区域范围的土壤养分空间变异定量研究带来一定的困难，以大多数有关土壤养分的空间变异研究结果不能代表小尺度范围。较早应用地统计学分析方法研究较大尺度下土壤养分空间变异的是 Yost 等人，他们进行了夏威夷岛土壤养分的空间相关性研究，结果表明土壤中磷、钾、钙和镁含量的空间相关距离在 32～42 km。近年来，土壤科学家已开始关注较大范围内土壤养分的空间变化。

我国土壤养分空间变异的定量研究起步较晚。20 世纪 80 年代中期，我国一些学者针对土壤的某些特性，采用半方差图和 Kriging 插值法进行了特性研究。而对土壤养分空间变异的定量研究起步更晚要一些，主要是在 20 世纪 90 年代中期以后，一些科学工作者应用地统计学分析方法从事这方面的研究，与此同时，随着发达国家精确农业的开展，土壤特性空间变异的研究方法得到了进一步的发展，主要表现为地统计学和地理信息系统（GIS）的有效结合，由此极大地促进了土壤特性尤其是土壤养分空间变异性研究的发展。王学专和章衡对四个地块按 10 m×10 m 的网格采集耕层土壤样品，研究了土壤有机碳空间变异性。周慧珍和龚子同采用以 50 m 为间距的网格法采集土壤样品，分析了牧地条件下土壤表层速效磷、钾等的空间变异性。李菊梅采用以 5 m 为间隔的网格法探讨了铵态氮、硝态氮、有效磷、水溶性钾、水溶性钙、水溶性镁等在空间的变异规律。胡克林等人对 1 公顷麦田内 98 个观测点进行取样分析，讨论了不同含水率的情况下土壤养分空间变异特征，绘制了土壤养分含量等值线图，对田间氮收支平衡的空间变异也做了描述。杨俐苹等人对河北邯郸陈刘营村约 54 公顷连片种植棉田的速效磷、钾等空间变异进行了研究。白由路等人通过土壤网格取样、室内分析及 ASI 施肥推荐等方法，在地理信息系统支持下，建立了地块和村级农田土壤养分分区管理模型，并在河北省辛集市马兰试验区进行了实施和验证，取得了很好的结果。张有山等人对北京昌平区邵乡 2640 公顷土地上的土壤有机质、全氮、有效氮、有效磷和有效钾的空间分布特征进行了探讨，并绘制了它们的等值线图。郭旭东等人研究了河北省遵化市土壤表层（0～20 cm）中碱解氮、全氮、速效钾、速效磷和有机质等的空间变异规律。黄绍文等人对乡（镇）级和县级区域粮田土壤养分空间变异与分区管理技术进行了研究，明确了土壤养分的空间变异规律与空间分布格局，并发现小规模分散经营体制下对主要土壤养分氮、磷、钾、锰和锌进行乡（镇）级和县级分区管理均可行，形成了适合我国小规模分散经营体制下养分资源持续高效利用的土壤养分分区管理和作物优质高产分区平衡施肥技术。程先富和史学正等人在地统计学和 GIS 的支持下，以变异函数为工具，初步分析了江西省兴国县土壤全氮和有机质的空间变异特征，并应用 Kriging 法进行最优无偏线性插值，得出全氮和有机质含量的分布格局。姜丽娜和符建荣等人通过对绍兴独树养分监测村土壤的 10 种养分元素空间变异性的研究，明确了水网平原水稻土养分空间变异规律，并进一步用模型分析了土壤养分空间变异，表明土壤钙、镁、钾、铜存在一定的带状异质性，经不同采样距离下 Kriging 内插十字交叉验证，明确了可用土壤养分空间相关距离确定方格取样法来确定最大取样距离。

第六章 农田施肥后田面水氮素动态变化特征

第一节 桃园土壤硝化作用和反硝化作用速率

桃树原产于大陆性高原地带，品种较多，生长期对水分的要求也因品种不同而有所差异，北方品种耐干旱，而南方品种喜欢较为湿润的气候。生长期不同，桃树对水分的需求量也不同，以北方地区桃树为例，生长期、膨果期对水分的需求量较大，其余上涨期对水分的需求量要求不高。

一、总硝化作用速率和反硝化作用速率的季节动态变化

如图 6－1 和图 6－2 所示，2009 年 5 月的土壤总硝化作用速率和反硝化作用速率均为最大值，7 月的土壤总硝化作用速率和反硝化作用速率均为最小值。土壤总硝化作用速率与反硝化作用速率之间呈极显著的相关性，其线性回归方程为 $y=1.28x-20.51$（$R_2=0.81$，$p<0.01$）。单因素方差分析表明，不同季节桃园土壤总硝化作用速率存在显著性差异（$p<0.01$，$N=5$），反硝化作用速率也存在显著性差异（$p<0.01$）（如图 6－3）。总硝化作用速率和反硝化作用速率差异显著，LSD 检验，$p<0.01$。土壤温度与桃园总硝化作用速率和反硝化作用速率呈极显著性负相关（$p<0.01$）。对桃园土壤总硝化作用速率和土壤总硝化作用速率与反硝化作用速率的和的比值进行分析（如图 6－4），即土壤总硝化作用和反硝化作用的贡献率分别为 44.8％和 55.2％，反硝化作用稍强，这可能与农田土壤湿度、土壤通气性和有机质含量有关。

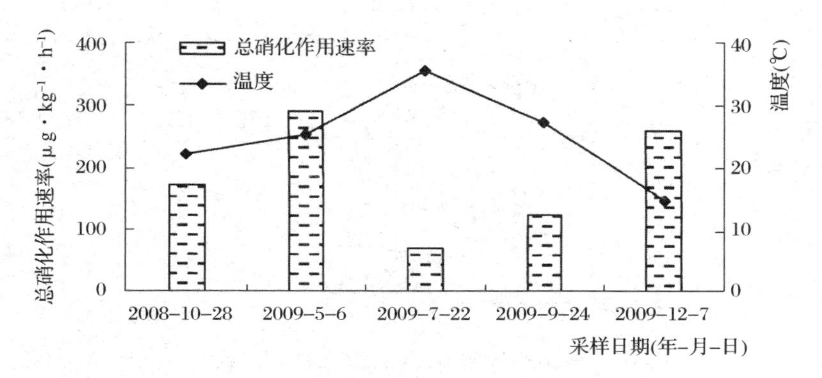

图 6－1 桃园土壤总硝化作用速率的季节动态变化

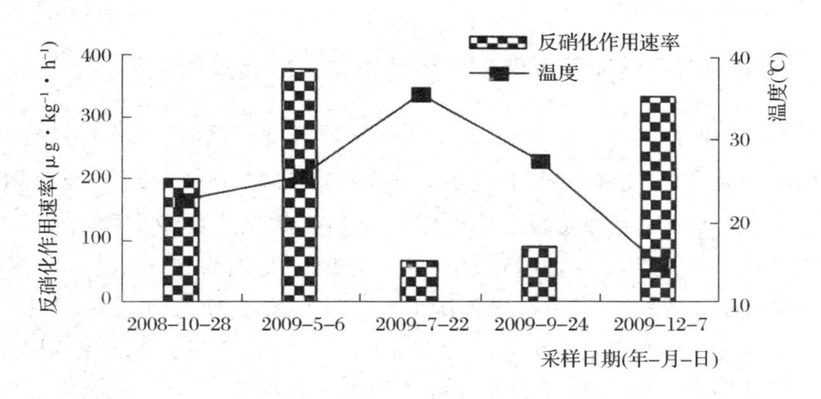

图 6－2 桃园反硝化作用速率的季节动态变化

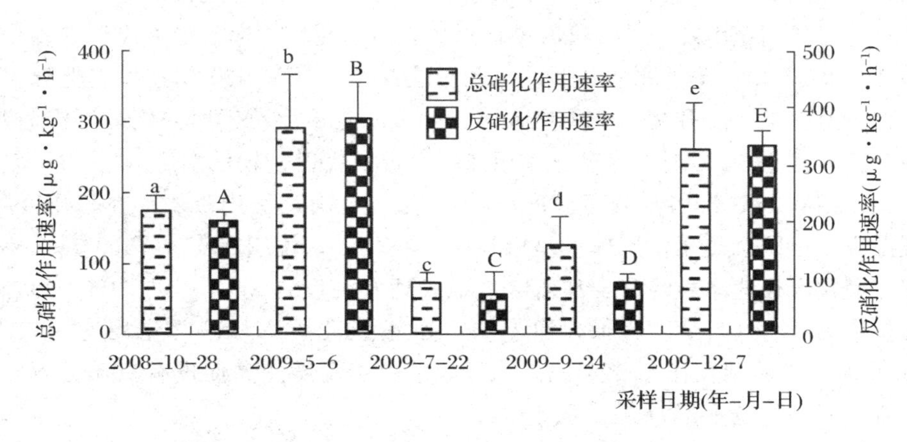

图 6－3 桃园土壤总硝化作用速率和反硝化作用速率

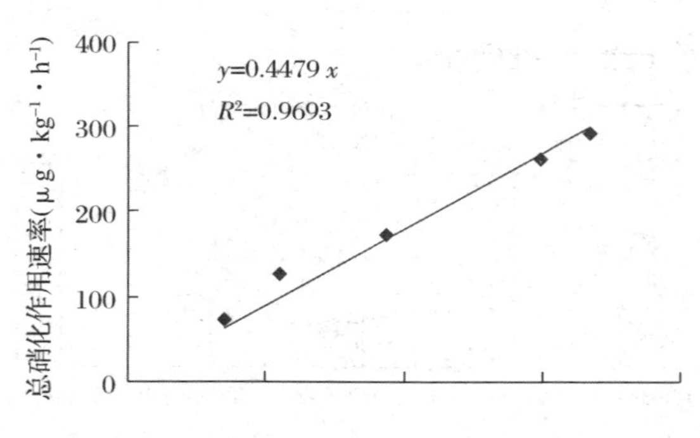

图 6－4　总硝化作用速率和总硝化作用速率与反硝化作用速率之和的相关性

二、总硝化作用速率和反硝化作用速率与影响因素的关系

如图 6－1 和 6－2 所示，2009 年 7 月的土壤温度最高时，桃园土壤总硝化作用速率和反硝化作用速率却为最低值，分别为 71.91 μg·kg^{-1}·h^{-1}和 68.86 μg·kg^{-1}·h^{-1}。在适宜温度范围内，温度升高会激化土壤微生物活性，有利于硝化作用进行。一般情况下，硝化作用的适宜温度范围为 25～35 ℃。有研究表明，对加拿大的三种土壤来说，硝化作用的最适宜温度为 20 ℃，30 ℃时硝化作用停止。Ingwersen 等人认为土壤温度在 5～25 ℃时，土壤总硝化作用速率随温度升高而显著增大，25 ℃时土壤总硝化作用速率达到最高值。Breuer 等人认为，在澳大利亚热带雨林生态系统中，土壤总硝化作用速率和土壤温度存在显著性相关，总硝化作用速率随土壤温度升高而增大，总硝化作用速率最大出现在土壤温度为 20～22 ℃时。周才平等人认为，温度会影响土壤硝化作用速率，低温时净硝化作用速率随温度升高而有所增大，当超过一定温度范围时，则呈下降趋势。张树兰等人认为 30 ℃时土壤硝化作用速率出现最大值，较低温度（20 ℃）对土壤硝化作用有抑制作用，较高温度(40 ℃)时土壤硝化作用微弱。在本研究中，土壤温度与桃园总硝化作用速率呈极显著性负相关，说明在 15～35.5 ℃，桃园土壤总硝化作用速率随温度升高而降低且较适宜温度是 25 ℃（如图 6－1）。12 月份温度为 15 ℃，温度较低，但土壤含水量较高导致总硝化作用速率较大。35.5 ℃时，土壤硝化作用受到抑制，可能是由于温度过高促进有机质分解，造成土壤中氧气供应不足。

桃园土壤含水量变化范围为 7.71%～24.7%。2009 年 7 月份桃园土壤含水量最低，为 7.71%，2009 年 12 月土壤含水量最高，为 24%，这与上海地区气候季节性变化有关。数据统计分析表明，桃园土壤总硝化作用速率、反硝化作用速率与土壤含水量呈极显著性正相关（$p<0.01$）（见表6—1）。

表6—1　总硝化作用速率和反硝化作用速率与影响因子的相关性

相关系数	温　度	含水量	总孔隙度	容　重	有机质	硝态氮	全　氮	碳氮比	pH
总硝化作用速率	−0.66	0.781	−0.50	0.27	−0.26	−0.25	−0.33	−0.09	−0.26
反硝化作用速率	−0.69	0.789	−0.58	0.21	−0.15	−0.27	−0.29	0.13	−0.38

土壤中的水分是影响硝化作用的主要因素，一般而言，土壤总硝化作用速率随含水量增加而增大。在桃园土壤总硝化作用速率和反硝化作用速率变化中，土壤温度和水分的影响占主要地位。2009年7月土壤温度高且土壤含水量低，在温度和水分的共同影响下，土壤总硝化作用速率和反硝化作用速率最低。2009年12月土壤温度虽然低，但含水量高，为土壤硝化作用和反硝化作用的进行提供了适宜的水分环境。土壤含水量在7.71%～24.7%，土壤水分增加能增强土壤微生物活性，促进土壤硝化作用和反硝化作用。

许多研究用相对含水量（含水量与田间持水量的比例）来描述土壤水分含量变化与土壤硝化作用和反硝化作用的关系。国外研究者发现土壤含水量为田间持水量的50%～60%时，硝化作用进行得最快。李良谟等人的研究表明，土壤含水量为田间持水量的65%时，土壤硝化作用速率明显高于土壤含水量为田间持水量的30%时的土壤硝化作用速率。张树兰等人的研究表明，土壤含水量为田间持水量的80%时，对硝化作用有一定的抑制作用，60%田间持水量是进行硝化作用的适宜含水量。本研究中，2009年5月土壤含水量为田间持水量的68%与2009年12月的土壤含水量为田间持水量的88%时的土壤总硝化作用速率、反硝化作用速率较高；2008年10月的土壤含水量为田间持水量的62%时的土壤总硝化作用速率、反硝化作用速率次之；2009年9月的土壤含水量为田间持水量的53%时的土壤总硝化作用速率、反硝化作用速率较低；2009年7月的土壤含水量为田间持水量的28%时的土壤总硝化作用速率、反硝化作用速率最低。这说明桃园土壤含水量为田间持水量62%～88%时，土壤硝化作用受抑制不明显，土壤硝化作用和反硝化作用同时进行。但土壤相对含水量低于60%时，土壤硝化作用与反硝化作用进行缓慢（如图6—5）。

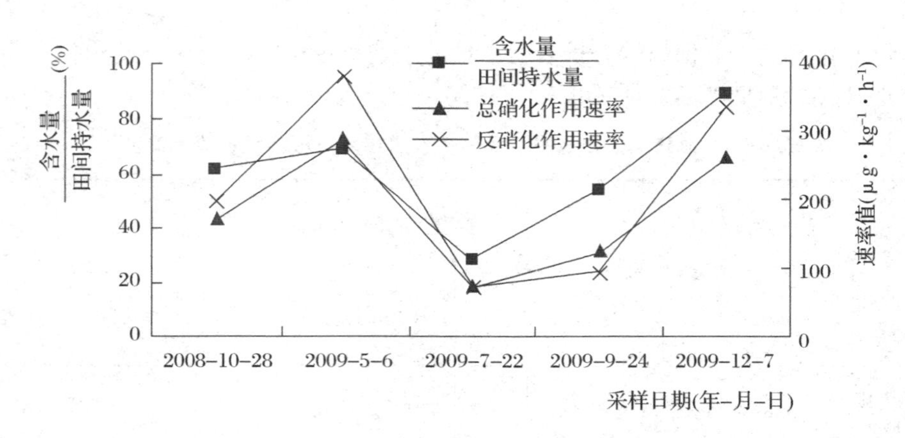

图 6－5　桃园土壤水分与土壤总硝化作用速率和反硝化作用速率的关系

一般认为，随土壤含水量增大，水分取代土壤孔隙中空气的程度增加，使厌氧条件得以加强，有利于反硝化细菌活动，反硝化作用活动速度会加快。数据统计分析表明，在桃园土壤总硝化作用速率和反硝化作用速率的动态变化中，土壤总硝化作用速率与土壤温度呈极显著性负相关（$p<0.01$），与土壤含水量呈极显著性正相关（$p<0.01$）。土壤反硝化作用速率与土壤温度呈极显著性负相关（$p<0.01$），与土壤含水量呈极显著性正相关（$p<0.01$），与土壤总孔隙度呈显著性负相关（$p<0.05$）（见表 6－1）。土壤总硝化作用速率与土壤总孔隙度无显著相关性（$p>0.05$），土壤总硝化作用速率和反硝化作用速率与土壤容重无显著的相关性（$p>0.05$）（见表 6－1）。桃园土壤总硝化作用速率和反硝化作用速率与土壤有机质、硝态氮、全氮、碳氮比、pH 值均无显著相关性（$p>0.05$）（见表 6－1）。这说明影响桃园土壤硝化作用和反硝化作用动态变化的主要因素为土壤水分和土壤温度。在季节变化分析中，降雨和温度是主要的影响因素。

第二节　园艺林土壤硝化作用和反硝化作用速率

园艺林中种植的主要是香樟树，樟树喜湿，其土壤含水量的变幅低于桃园土壤（见表 6－2）。樟树林种植密度较大，覆盖度高，地表有枯枝落叶覆盖，土壤水分蒸发量较小。樟树林具有保持水分、涵养水源的作用。樟树林管理方式相对粗放，实验阶段内土壤没有翻动，土壤容重较高，土壤总孔隙度、土壤硝态氮含量和全氮含量相对其他类型低。虽然地表有较多枯枝落叶，但因樟树叶有蜡质层，其土壤微生物分解速率较慢，园艺林土壤有机质含量相对较低且季节变化不太明显。

表 6－2　园艺林土壤基本理化性质的季节变化

日期	含水量（%）	容重（g/cm^3）	总孔隙度（%）	pH	有机质（g/kg）	硝态氮（mg/kg）	全氮（g/kg）	碳氮比
2008－10－28	17.45	1.41	46.79	7.61	15.31	6.16	1.29	11.87
2009－5－6	24.93	1.43	47.17	7.70	16.65	0.61	2.79	5.97
2009－7－22	16.18	1.52	45.54	7.45	16.62	5.53	3.21	5.19
2009－9－24	13.17	1.51	53.09	8.12	18.18	1.32	2.85	6.37
2009－12－7	28.01	1.46	46.44	7.62	22.43	2.33	2.88	7.80

一、总硝化作用速率和反硝化作用速率的季节变化

如图 6－6 所示，2008 年 10 月的园艺林土壤总硝化作用速率最大，为 206.88 $\mu g \cdot kg^{-1} \cdot h^{-1}$；2009 年 12 月的土壤总硝化作用速率最小，为 8.22 $\mu g \cdot kg^{-1} \cdot h^{-1}$。如图 6－7 所示，2008 年 10 月的园艺林土壤反硝化作用速率最大，为 278.67 $\mu g \cdot kg^{-1} \cdot h^{-1}$；2009 年 5 月的土壤反硝化作用速率最小，为 118.72 $\mu g \cdot kg^{-1} \cdot h^{-1}$。

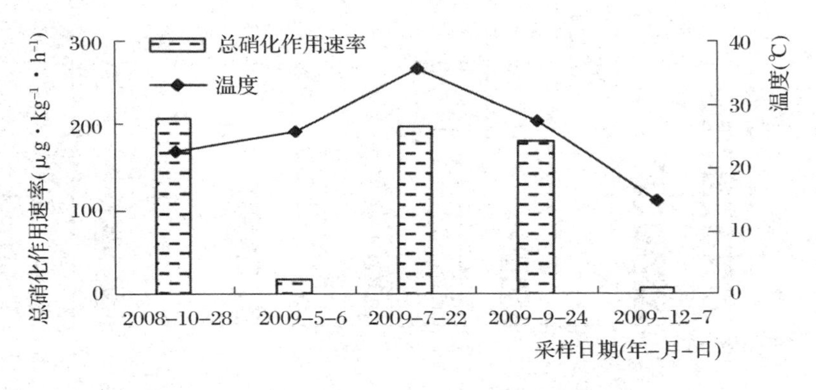

图 6－6　园艺林土壤总硝化作用速率的季节动态变化

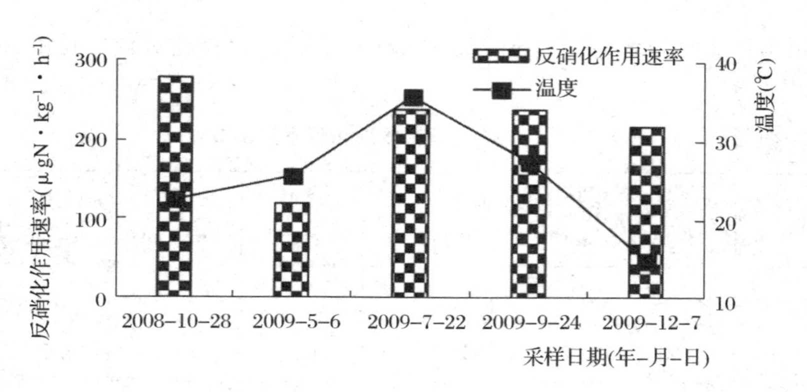

图 6—7 园艺林土壤反硝化作用速率的季节动态变化

土壤总硝化作用速率与反硝化作用速率之间有显著相关性，其线性回归方程为 $y=0.458x+163.01$（$R^2=0.58$，$p<0.05$）。单因素方差分析表明，不同季节园艺林土壤总硝化作用速率存在显著差异（$p<0.01$，$N=5$），反硝化作用速率差异性不显著（$p>0.01$，$N=5$）（如图 6—8）。总硝化作用速率柱上的字母不同，表示差异显著 $p<0.01$。反硝化作用速率柱上的字母相同，表示差异不显著，LSD 检验，$p>0.01$。对园艺林土壤总硝化作用速率和土壤总硝化作用速率与反硝化作用速率之和的比值进行分析，其方程为 $y=0.396x$（$R^2=0.777$，$p<0.05$）（如图 6—9），即土壤总硝化作用和反硝化作用的贡献率分别为 39.6% 和 60.4%，反硝化作用强，这可能与园艺林土壤含水量较高有关。

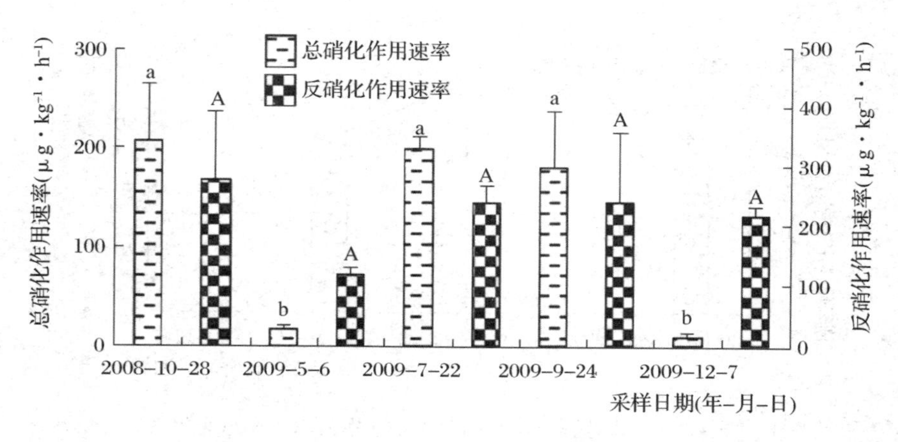

图 6—8 园艺林土壤总硝化作用速率和反硝化作用速率

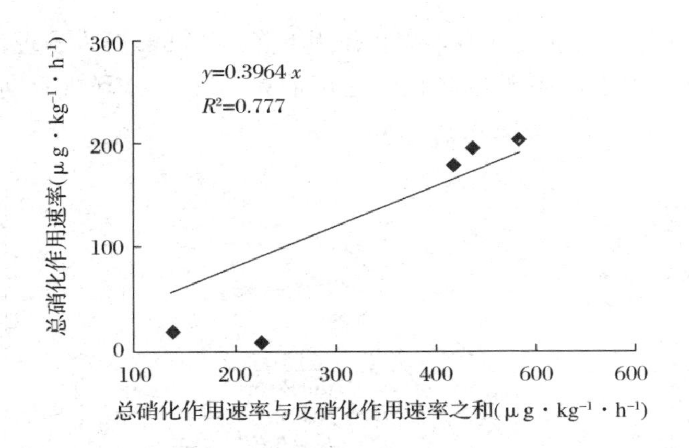

图 6—9　总硝化作用速率和总硝化作用速率与反硝化作用速率之和的相关性

二、总硝化作用速率和反硝化作用速率与影响因素的关系

土壤温度与园艺林总硝化作用速率呈显著性正相关（$p<0.05$）（见表 6—3）。土壤温度在 25～35 ℃时，土壤硝化作用速率随温度升高而增大。与桃园相比，园艺林土壤硝化作用的适宜温度稍高。国外研究者发现，美国北部园艺林土壤硝化作用的最适温度为 20 ℃和 25 ℃，而南部园艺林土壤硝化作用的最适温度则为 35 ℃。可见土壤硝化作用对温度的敏感度随环境和植被类型不同而变化。土壤温度与园艺林反硝化作用速率无显著性相关性（$p>0.05$）（见表 6—3）。

表 6—3　总硝化作用速率和反硝化作用速率与影响因子的相关关系

相关系数	温　度	含水量	总孔隙度	容　重	有机质	硝态氮	全　氮	碳氮比	pH
总硝化作用速率	0.57	−0.85	0.25	0.16	−0.60	0.65	−0.32	0.30	0.07
反硝化作用速率	0.03	−0.31	0.10	0.15	−0.05	0.50	−0.29	0.36	−0.03

园艺林土壤含水量变化范围为 15.4%～30%。在 2008 年 10 月、2009 年 7 月和 2009 年 9 月时，园艺林土壤相对干燥，土壤含水量为 13%～17%，2009 年 5 月和 12 月相对湿润，为 28%左右（如图 6—10）。一般而言，土壤总硝化作用速率随含水量的增加而增大。但园艺林土壤总硝化作用速率与土壤含水量呈极显著的负相关性（$p<0.01$）（见表 6—3），这可能与园艺林的含水量较高有关。随

含水量上升，土壤通气状况变差，硝化作用下降。Breuer 等人发现，随着含水量的增大，总硝化作用速率明显降低，这可能是由于水分增加促进厌氧条件的形成。

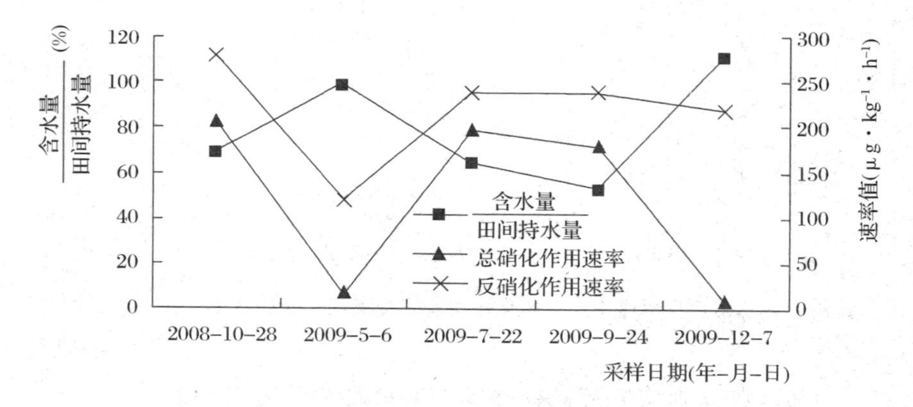

图 6—10　园艺林地土壤水分与土壤总硝化作用速率和反硝化作用速率的关系

2008 年 10 月土壤含水量为田间持水量的 68%时，土壤总硝化作用速率最大；2009 年 7 月土壤含水量为田间持水量的 64%与 2009 年 9 月土壤含水量为田间持水量的 52%时，土壤总硝化作用速率次之；2009 年 5 月土壤含水量为田间持水量的 98%时的土壤总硝化作用速率和 2009 年 12 月土壤含水量为田间持水量的 110%时的总硝化作用速率很小，说明园艺林土壤含水量接近田间持水量时，土壤硝化作用受到抑制，进行缓慢。在土壤含水量为田间持水量的 60%左右时，有利于土壤硝化作用的进行（如图 6—10）。土壤总硝化作用速率与土壤总孔隙度、土壤容重无显著的相关性（$p>0.05$）（见表 6—3）。

园艺林土壤反硝化作用速率与土壤温度、土壤含水量、总孔隙度、容重无显著性相关（$p>0.05$）。由单因素方差分析可知，园艺林土壤反硝化作用速率差异性不显著（$p>0.01$，$N=5$），土壤反硝化作用速率季节性变化不明显，这与园艺林香樟树土壤反硝化作用细菌活性稳定有关。数据统计分析表明，园艺林土壤总硝化作用速率与土壤有机质呈显著性负相关（$p<0.05$），与硝态氮呈极显著性正相关（$p<0.01$），与土壤全氮、碳氮比、pH 均无显著的相关性（$p>0.05$）（见表 6—3）。

园艺林土壤总硝化作用速率与土壤有机质呈显著性负相关（$p<0.05$），土壤有机碳的增加为异养微生物生长提供了所需碳源，异养微生物和硝化细菌竞争可利用铵态氮，而硝化细菌为自养微生物，与土壤中数量庞大的异养微生物相比，其增殖速率以及对底物的竞争能力明显较低。土壤有机质可能抑制了土壤硝

化作用的进行。数据统计分析表明，园艺林土壤反硝化作用速率与土壤有机质、硝态氮、全氮、碳氮比、pH 均无显著的相关性（$p>0.05$）（见表 6－3）。

第三节　大棚蔬菜地土壤硝化作用和反硝化作用速率

大棚因有塑料薄膜覆盖，形成了相对封闭的与露地不同的特殊小气候。白天光照充足，薄膜密闭，棚内温度升高很快，有时温度比棚外高 20 ℃以上。塑料膜封闭性强，棚内空气与外界空气交换受到阻碍，土壤蒸发和叶面蒸腾的水汽难以发散，棚内湿度较大。大棚蔬菜由于多是浅根系蔬菜，在人为精耕细作管理措施的调控下，土壤容重低，总孔隙度较高，土壤偏弱酸性或中性（见表 6－4）。由于大棚长期覆盖，缺少雨水淋溶，盐分随地下水由下向上移动，易引起耕作层土壤盐分积累，土壤中硝态氮含量较高。在大棚密闭环境下，各土壤理化性质季节变化不是很大。

表 6－4　大棚蔬菜地土壤基本理化性质的季节变化

日期	含水量（%）	容重（g/cm^3）	总孔隙度（%）	pH	有机质（g/kg）	硝态氮（mg/kg）	全氮（g/kg）	碳氮比
2008－10－28	27.33	1.28	51.65	6.83	20.57	159.60	3.43	5.99
2009－5－6	27.81	1.35	52.86	6.78	20.51	220.72	5.10	4.02
2009－7－22	21.29	1.36	52.04	6.47	20.91	152.05	5.53	3.89
2009－9－24	12.35	1.35	56.92	7.55	15.50	14.52	3.71	4.17
2009－12－7	31.58	1.31	53.34	6.41	22.60	329.10	3.37	6.70

一、总硝化作用速率和反硝化作用速率的季节动态变化

如图 6－11 所示，2009 年 5 月的大棚蔬菜地土壤总硝化作用速率最大，为 1122.17 $\mu g \cdot kg^{-1} \cdot h^{-1}$；2009 年 9 月的土壤总硝化作用速率最小，为 191.15 $\mu g \cdot kg^{-1} \cdot h^{1}$。如图 6－11 所示，2009 年 5 月的大棚蔬菜地土壤反硝化作用速率最大，为 1225.03 $\mu g \cdot kg^{-1} \cdot h^{-1}$；2009 年 9 月的土壤反硝化作用速率最小，为 231.57 $\mu g \cdot kg^{-1} \cdot h^{-1}$。

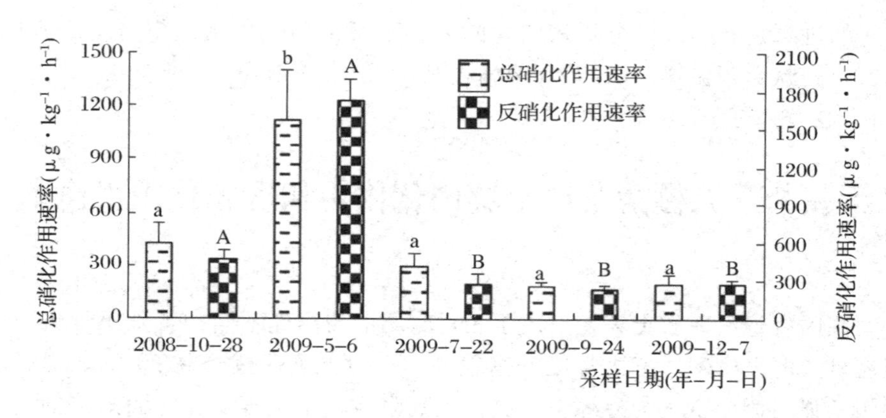

图 6－11　大棚蔬菜地土壤总硝化作用速率和反硝化作用速率

总硝化作用速率和反硝化作用速率柱上的字母不同，表示差异显著，LSD 检验，$p<0.01$。土壤总硝化作用速率与反硝化作用速率之间有显著相关性，其线性回归方程为 $y=1.63x-133.06$（$R^2=0.58$，$p<0.01$）。单因素方差分析表明，不同季节土壤总硝化作用速率和反硝化作用速率存在显著性差异（$p<0.01$，$N=5$）。本研究对土壤总硝化作用速率和土壤总硝化作用速率与反硝化作用速率之和的比值进行分析，其方程为 $y=0.4068x$（$R^2=0.777$，$p<0.01$）（如图 6－12），即土壤总硝化作用和反硝化作用的贡献率分别为 40.68％和 59.32％，反硝化作用稍强。

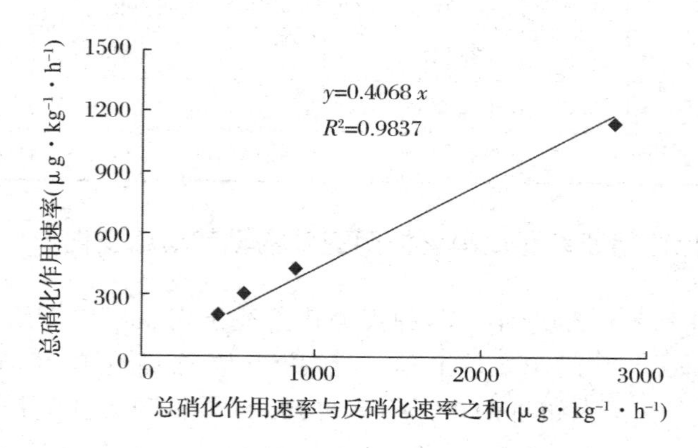

图 6－12　总硝化作用速率和总硝化作用速率与反硝化作用速率之和的相关性

二、总硝化作用速率和反硝化作用速率与影响因素的关系

大棚环境相对密闭，棚内温度、湿度较高，肥料腐熟分解快。在本研究中，大棚温度均在 30 ℃左右，温度季节变化不明显。

大棚蔬菜地土壤含水量变化范围为 12%～32%。数据统计分析表明，大棚蔬菜地土壤总硝化作用速率和反硝化作用速率与土壤含水量、总孔隙度、容重相关性不显著（$p>0.05$）。

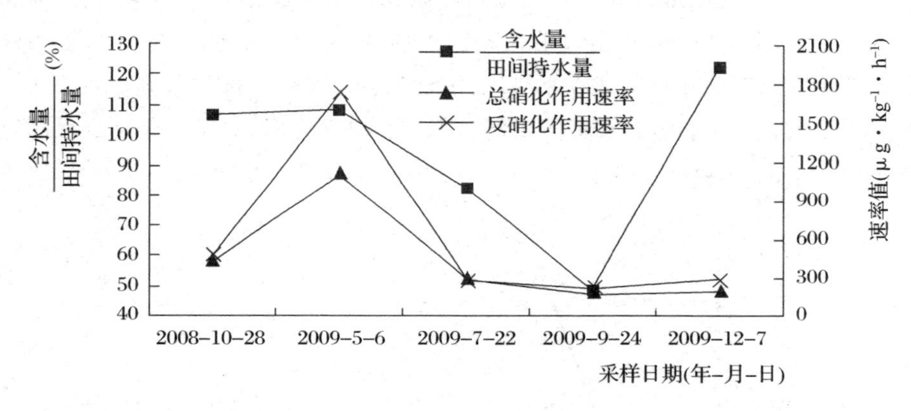

图 6—13 大棚蔬菜地土壤水分与土壤总硝化作用速率和反硝化作用速率的关系

数据统计分析表明，大棚蔬菜地土壤总硝化作用速率和反硝化作用速率与土壤有机质、硝态氮、全氮、碳氮比、pH 均无显著的相关性（$p>0.05$）（见表 6—5），这可能与大棚蔬菜环境下土壤硝化细菌和反硝化细菌的活性较为稳定有关。

表 6—5 总硝化作用速率和反硝化作用速率与影响因子的相关关系

相关系数	含水量	总孔隙度	容 重	有机质	硝态氮	全 氮	碳氮比	pH	N_2O
总硝化作用速率	0.32	−0.15	−0.18	0.17	0.21	0.48	−0.36	0.07	0.92
反硝化作用速率	0.34	−0.13	−0.02	0.15	0.24	0.44	−0.34	−0.03	0.98

三、大棚蔬菜地土壤 N_2O 排放

由图 6－14 可知，2009 年 5 月大棚蔬菜地土壤 N_2O 排放最强。由于产生 N_2O 的硝化作用过程和反硝化作用过程均受土壤水分影响，当土壤含水量既能促进硝化作用又能促进反硝化作用时，会导致较多的 N_2O 生成与排放。试验表明，当土壤含水量为饱和持水量的 45％～75％时，硝化细菌和反硝化细菌都可能成为 N_2O 的主要制造者，土壤微生物的硝化作用和反硝化作用产生的 N_2O 大约各占一半。郑循化等人指出，稻麦轮作周期内 N_2O 排放受土壤含水量的强烈制约，土壤含水量为田间持水量的 97％～100％时，N_2O 排放最强。由图 6－13 和 6－14 可知，5 月土壤含水量为田间持水量的 109％时，N_2O 排放量很高且反硝化作用产生的 N_2O 占一半以上。

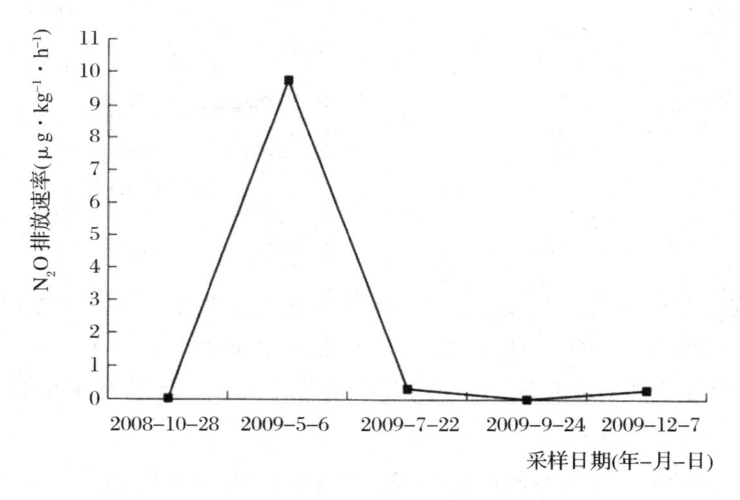

图 6－14　大棚蔬菜地 N_2O 排放速率

2009 年 7 月虽然气温升高，但相对于 5 月土壤含水量较低，这可能限制了温室气体的产生，因此 N_2O 排放速率相对于 5 月低了很多。2009 年 9 月较低的土壤含水量，使 N_2O 排放速率小。2009 年 12 月土壤含水量较高，可能因有机质含量较高或土壤速效氮减少导致硝化作用和反硝化作用微弱，N_2O 排放速率低于 5 月。由图 6－12 可知，大棚蔬菜地土壤总硝化作用和反硝化作用的贡献率分别为 40.68％和 59.32％，反硝化作用稍强，因此总硝化作用和反硝化作用都是土壤 N_2O 排放的主要来源。数据统计分析表明，大棚蔬菜地土壤总硝化作用速率和反硝化作用速率均与土壤 N_2O 排放速率呈极显著性相关（$p<0.01$）。

第四节　露天蔬菜地土壤硝化作用和反硝化作用速率

与大棚蔬菜地相比，露天蔬菜地受外界自然条件的影响较大，春季常受连续低温阴雨天气的影响，夏季受高温暴雨的威胁，土壤含水量、土壤有机质等季节性变化较为明显。土壤硝态氮含量没有大棚蔬菜地的高，主要是因为雨水淋溶的影响或施肥量相对较小。

一、总硝化作用速率和反硝化作用速率的季节动态变化

如图6－15和6－16所示，2009年5月的露天蔬菜地土壤总硝化作用速率和反硝化作用速率最大，分别为610.79 $\mu g \cdot kg^{-1} \cdot h^{-1}$和697.18 $\mu g \cdot kg^{-1} \cdot h^{-1}$；2009年7月的土壤总硝化作用速率和反硝化作用速率最小，分别为129.96 $\mu g \cdot kg^{-1} \cdot h^{-1}$和129.39 $\mu g \cdot kg^{-1} \cdot h^{-1}$。土壤总硝化作用速率与反硝化作用速率呈极显著性相关，其线性回归方程为$y=1.055x+24.61$（$R^2=0.937$，$p<0.01$）。单因素方差分析表明，不同季节露天蔬菜地土壤总硝化作用速率和反硝化作用速率存在显著性差异（$p<0.01$，$N=5$）（如图6－17）。本研究对露天蔬菜地土壤总硝化作用速率和土壤总硝化作用速率与反硝化作用速率之和的比值进行分析，其方程为$y=0.663x$（$R^2=0.732$，$p<0.05$）（如图6－18），即土壤总硝化作用和反硝化作用的贡献率分别为66.3%和33.7%，总硝化作用强。

图6－17中总硝化作用速率和反硝化作用速率柱上的字母不同，表示差异显著，LSD检验，$p<0.05$。

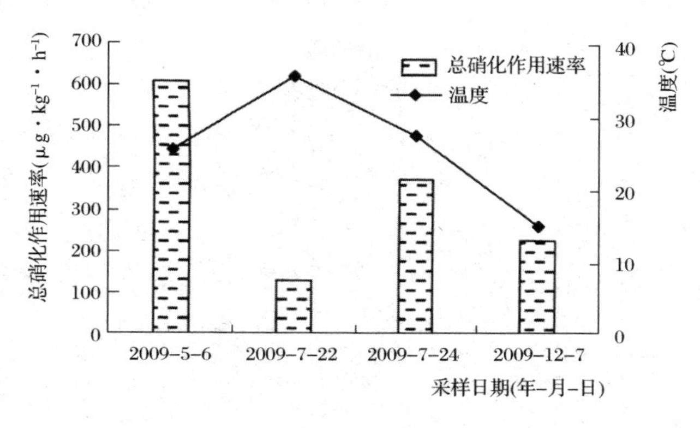

图6－15　露天蔬菜地土壤总硝化作用速率的季节动态变化

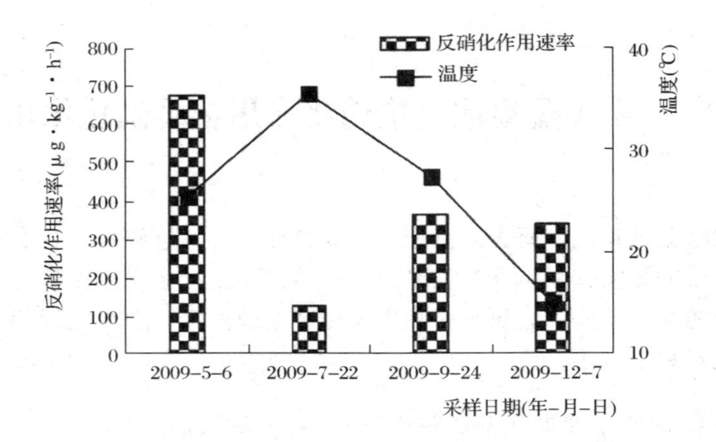

图 6—16　露天蔬菜地土壤反硝化作用速率季节动态变化

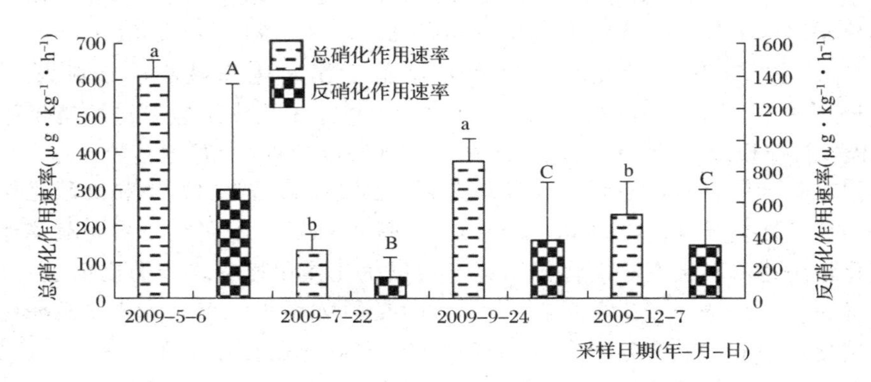

图 6—17　露天蔬菜地土壤总硝化作用速率和反硝化作用速率

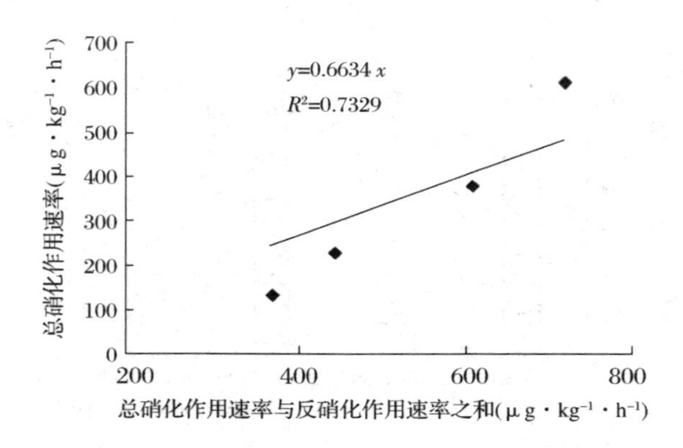

图 6—18　土壤总硝化作用速率和总硝化作用速率与反硝化作用速率之和的相关性分析

二、总硝化作用速率和反硝化作用速率与影响因素的关系

数据统计分析表明，露天蔬菜地土壤温度与总硝化作用速率、反硝化作用速率均无显著性相关（$p>0.05$）（见表6—6）。在本研究中露天蔬菜地土壤硝化作用和反硝化作用对温度的敏感度低，土壤硝化作用的较适宜温度是25 ℃。

表6—6　总硝化作用速率和反硝化作用速率与影响因子的相关关系

相关系数	温　度	含水量	总孔隙度	容　重	有机质	硝态氮	全　氮	pH	碳氮比	N_2O
总硝化作用速率	−0.16	0.46	0.60	−0.59	0.57	−0.09	0.34	−0.79	0.07	0.91
反硝化作用速率	−0.37	0.63	0.54	−0.57	0.42	−0.34	0.25	−0.62	0.07	0.89

露天蔬菜地土壤含水量变化范围为15.6%～28.27%。在2009年5月，土壤含水量相对较高；2009年的7月和9月相对干燥（如图6—19）。数据统计分析表明，露天蔬菜地土壤总硝化作用速率和土壤总孔隙度呈显著性正相关（$p<0.05$），与土壤容重呈显著性负相关（$p<0.05$），与土壤含水量的相关性不显著（$p>0.05$）（见表6—6）。

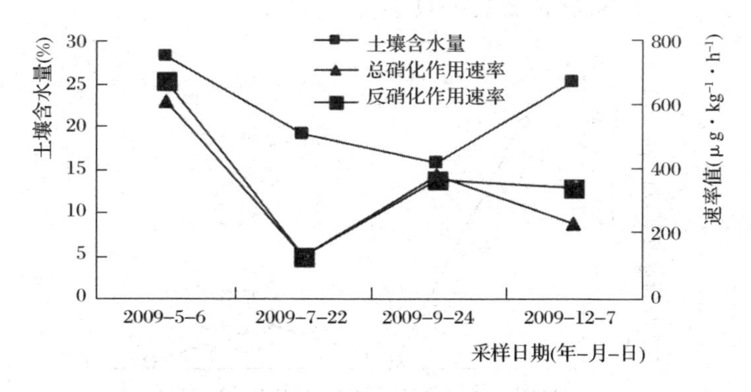

图6—19　土壤水分与土壤总硝化作用速率和反硝化作用速率关系

数据统计分析表明，露天蔬菜地土壤反硝化作用速率和土壤含水量呈显著性相关（$p<0.05$），与土壤总容重呈显著性负相关（$p<0.05$），与土壤孔隙度的

相关性不显著（$p>0.05$）（见表6－6）。研究表明，增大土壤含水量有利于反硝化作用的进行。一般认为含水量增大，能增强厌氧环境的形成，有利于反硝化细菌活动，反硝化作用活动速度会增强。在露天蔬菜地中，土壤含水量增大促进了反硝化作用的进行。

土壤容重，受土壤质地、结构、有机质含量及各种自然因素和人工管理措施的影响，是一个重要的土壤参数，根据其大小可对土壤松紧程度做出评价。露天蔬菜地土壤总硝化作用速率和反硝化作用速率与土壤容重呈负相关，土壤容重越大，土壤越紧实，不利于硝化作用和反硝化作用的进行。数据统计分析表明，露天蔬菜地土壤总硝化作用速率和反硝化作用速率与土壤有机质、硝态氮、全氮、碳氮比、pH均无显著相关性（$p>0.05$）（见表6－6）。

三、露天蔬菜地土壤N_2O排放

由图6－20可知，露天蔬菜地土壤N_2O排放速率在2009年5月最大，一方面是由于土壤含水量高，其土壤含水量为田间持水量的106%；另一方面是由于5月露天蔬菜全氮含量和有机含量最高（见表6－7）。2009年7月因土壤中水分强烈蒸发或降雨、灌溉较少，土壤含水量较低，限制了温室气体产生，土壤总硝化作用速率和反硝化作用速率较小，N_2O排放速率也较小。2009年9月N_2O排放速率较大，这可能是因为土壤中较高含量的有机质促进了反硝化作用的进行。2009年12月的土壤含水量较高，虽然为田间持水量的95%，但可能因为土壤速效氮含量减少、温度较低以及土壤微生物活性较弱，土壤硝化作用和反硝化作用与5月和9月相比，N_2O排放速率较小。

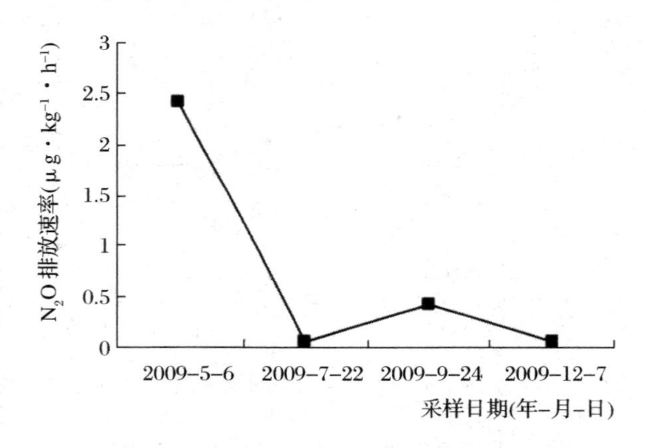

图6－20　露天蔬菜地N_2O的排放速率

表 6—7　露天蔬菜地土壤基本理化性质的季节变化

日期	含水量（%）	容重（g/cm^3）	总孔隙度（%）	pH	有机质（g/kg）	硝态氮（mg/kg）	全氮（g/kg）	碳氮比
2009—5—6	28.27	1.22	55.60	4.71	25.85	32.42	5.22	4.95
2009—7—22	19.05	1.38	49.17	5.88	23.17	52.25	4.95	4.73
2009—9—24	15.60	1.43	51.75	5.31	21.52	55.23	3.74	5.76
2009—12—7	25.16	1.38	50.88	6.81	16.92	13.21	3.08	5.49

由图 6—18 可知，露天蔬菜地土壤总硝化作用和反硝化作用的贡献率分别为 66.3%和 33.7%，总硝化作用强，因此总硝化作用是土壤 N_2O 排放的主要来源。数据统计分析表明，露天蔬菜地土壤总硝化作用速率和反硝化作用速率均与土壤 N_2O 排放速率呈极显著性相关（$p<0.01$）。

由图 6—21 和图 6—22 可知，大棚蔬菜地和露天蔬菜地土壤总硝化作用速率较其他用地类型大（露天蔬菜地在 2008 年 10 月的数据缺失）。大棚蔬菜地和露天蔬菜地的土壤硝态氮含量高，特别是大棚蔬菜地，这与大量氮肥的施用有关，也有可能是大棚中温度高，土壤水分蒸发强烈，深层土壤硝态氮随水分上移，使大棚土壤硝态氮聚集。大棚蔬菜地和露天蔬菜地在人为精耕细作的管理措施下，显示出硝态氮含量丰富的特点，因此它们土壤的硝化作用和反硝化作用明显高于其他用地类型的土壤。园艺林土壤硝化作用和反硝化作用相对于其他用地类型较弱。在园艺林土壤中硝态氮含量较低，这也反映了土地利用方式影响土壤养分含量和土壤的理化性质，间接影响着土壤硝化作用和反硝化作用。

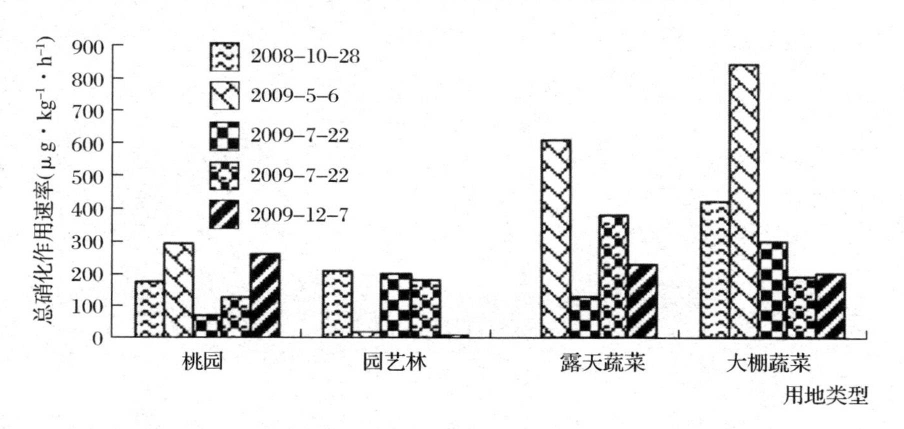

图 6—21　不同农业用地类型的总硝化作用速率值汇总图

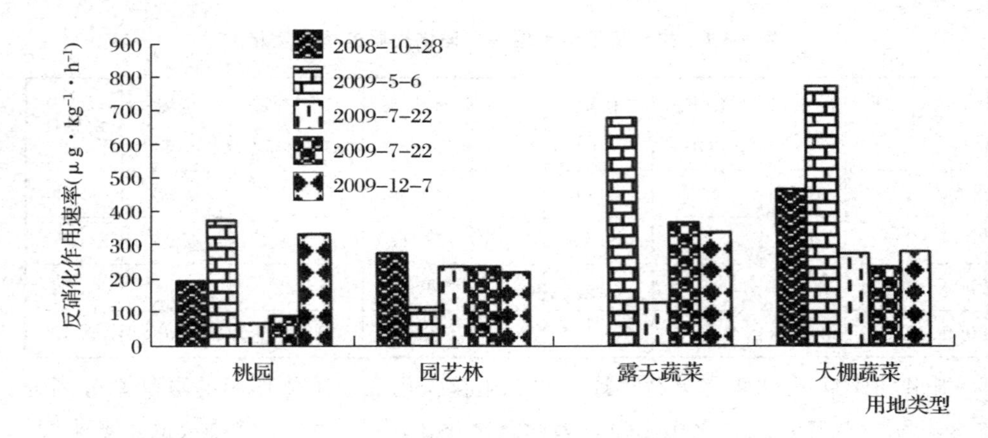

图 6－22　不同农业用地类型的反硝化作用速率值汇总图

第七章　主要农田生态系统氮素行为及氮肥利用

第一节　稻田农业生态系统

我国农业已进入一个作物生产、农产品品质和环境保护并重的多目标时期。氮素是农业生产中投入最多的养分元素，氮素对水稻生产的影响仅次于水，是构成水稻生产成本投入的主要部分。我国水稻种植面积占世界水稻种植总面积的22%，但是我国水稻氮肥用量占全球水稻氮肥总用量的37%。我国稻田单季水稻氮肥单位面积平均用量为180 kg/hm^2，这一用量比世界稻田氮肥单位面积平均用量高约75%。在我国，氮肥成本占水稻生产外部投入总成本（只包括肥料、农药、种子和灌溉成本）的份额高达35%。氮肥施入土壤后如果不能被作物吸收，就会造成大量损失，并且产生一系列的环境问题。

一、水稻氮高效基因型的筛选

作物对氮素的吸收和利用是农业生态系统中氮循环的两个重要过程。充分挖掘作物吸收、利用氮素的遗传潜力，从而在一定的氮肥投入下获得较高的产量，并减少氮在土壤中的残留，是提高氮肥利用率的重要途径。遗传改良的先决条件是了解控制作物高效吸收、利用氮素的关键生理过程。大量研究表明，水稻在对氮素的吸收、利用方面存在显著的基因型差异。在氮吸收方面，氮高效的水稻品种吸氮较多是由于具有较大的根系。在水稻生长过程中根系形态参数可能是决定其高效吸收和利用氮素营养的重要因素。在氮利用方面，研究者认为齐穗期之后氮素转运和碳素积累对水稻体内的氮素利用效率起到非常重要的作用。在水稻氮效率育种方面，我国对水稻氮营养高效种子资源的收集、筛选和鉴定工作，氮效率的生理生化基础研究工作以及氮高效的遗传工作做得很少。氮高效品种的选育需要耗费大量的时间与精力，如果在选择产量的同时加上一些与产量密切相关的次级性状，那么可以大大增加选择效率。因此，从我国可持续农业的角度出发，挖掘水稻氮高效的种子资源，进一步进行氮效率的生理生化基础研究，并通过遗传改良培育氮高效品种已成为当务之急。

（一）氮素利用效率的定义

研究者将氮素利用效率定义为籽粒产量与土壤供氮水平之比，并且将氮素利用效率分解为吸收效率和生理利用效率。氮素吸收效率是作物成熟期地上部植株含氮总量与土壤供氮水平之比。氮素生理利用效率是作物籽粒产量与成熟期地上部植株含氮总量之比。因此，氮素利用效率等于吸收效率和生理利用效率的乘积。当介质供氮量（包括土壤有效氮量和肥料氮量）比较难以计算时，在相同试验条件下氮素利用效率可相对地表征为同一供氮水平下的水稻产量。通过作物产量与土壤供氮水平之比计算出的氮素利用效率的绝对值可用来比较不同供氮水平下的不同水稻品种的氮素利用效率，同时可估算水稻基因型和供氮水平之间的相互作用。氮素吸收效率的情况也是如此。

氮素利用效率的定义和类型的划分是一个复杂的问题，许多研究者对多个作物品种进行了研究。由于作物对氮肥的反应不同，可能出现作物在不同的供氮水平时氮素利用效率不一致的现象，容易造成混淆，在评价作物的氮素利用效率时应同时考虑静态和动态两个指标。静态指标是指介质供氮量较低时作物的氮素利用效率或产量；动态指标是指介质供氮量增加时作物的氮素利用效率或产量。两个指标包含了在动态的供氮水平下作物生物量或产量的变化情况，这样氮素利用效率的概念才比较完整且科学。

（二）水稻氮素利用效率的基因型差异

不同基因型水稻的氮素利用效率及其构成差异较大。单玉华等人采用群体水培的方法研究了 95 个来自不同产地、不同年代育成的水稻的氮素吸收效率和生理利用效率。结果表明，不同类型水稻吸氮量差异的 F 值达到 100.6，呈极显著水平。籼稻植株总吸氮量平均比粳稻高 14.1%；杂交籼稻和杂交粳稻的总吸氮量比常规籼稻和常规粳稻分别高 22.8%和 16.4%。

从氮素生理利用效率来看，粳稻及广亲和品种氮的干物质生产效率高于籼稻。我国不同类型的 90 个水稻品种的氮素生理利用效率的变化范围为 50.4～90.5 kg/kg，差异达 79.6%。张亚丽在两年的田间试验结果中同样表明，无论何种供氮水平，氮素利用效率、氮素吸收效率和氮素生理利用效率均有显著的基因型差异，并随供氮水平的增加而降低。与不施氮肥时相比，随着施氮量的增加，水稻的氮素利用效率、氮素吸收效率和氮素生理利用效率均随之下降。与氮素吸收效率相比，氮素生理利用效率比较稳定。但不同基因型水稻降低的幅度并不相同，如在低供氮水平下，水稻品种 BR 51-91-6 的氮素利用效率（75 kg/kg）与 IR 8192-200-3-3-1-1 的氮素利用效率（68 kg/kg）差异不明显；在较高的供氮水平下，前者的氮素利用效率为 36 kg/kg，其降幅约为 52%，而后者为 49 kg/kg，其降幅为 28%。这说明氮素利用效率存在基因型与供氮水平间的相互作用，因此在评价水稻的氮素利用效率时应考虑静态和动态两个指标。不论介质供氮水平如何，水稻的产量均高于其同一生育期的水稻平均产量时该水稻品种即可定义为氮高效基因型品种。童依平等人认为，氮高效基因型品种是能高效吸收土壤氮素的基因型品种，这种品种的水稻可降低土壤氮素残留、减少氮素损失、减轻氮素对环境的影响。氮高效基因型品种的水稻能高效利用作物体内积累的氮，并在籽粒中积累更多的氮。因此，氮高效基因型品种水稻的氮素吸收效率和氮素生理利用效率均比较高。

（三）水稻氮高效基因型的筛选

不同水稻基因型氮素利用效率差异明显。本项目组于 2003 年在南京和无锡两地同时在两个供氮水平下对 177 品种（品系）水稻的氮素利用效率进行了评价，并在此基础上筛选出氮素利用效率差异明显的水稻基因型。根据 71 个中熟水稻和 106 个晚熟水稻基因型在两个供氮水平下的产量平均值可把它们分为四种类型（如图 7—1）：①双高效型（Efficient-Efficient，EE），此类基因型在低氮和高氮水平下的产量均高于供试基因型的平均值；②高氮高效型（Inefficient-Efficient，IE），此类基因型在低氮水平下的产量低于供试基因型的平均值，高氮水平下则相反；③双低效型（Inefficient-Inefficient，II），此类基因型在低氮和高氮水平下的产量均低于供试基因型的平均值；④低氮高效型（Efficient-Inefficient，EI），此类基因型在低氮水平下的产量高于供试基因型的平均值，高氮水平下则相反。也就是说，双高效水稻基因型即为氮高效水稻基因型，双低效水稻基因型即为氮低效水稻基因型，而高氮高效水稻基因型和低氮高效水稻基因型则为中间型，它们的产量水平处于氮高效、氮低效水稻基因型中间。为了进一步深入评价不同基因型水稻的氮素利用效率，张亚丽从氮高效基因型和氮低效基因型中分别选出典型的 3 个氮高效基因型水稻（武运粳 7 号、南光和 4007）和 1 个氮低效基因型水稻（Elio）作为供试材料，于 2004 年在两个试验地点（江浦和江宁）和 7 个氮水平下研究了不同氮利用效率水稻的产量水平。江宁试验点的结果表明（如图 7—2），在不施氮肥时氮低效水稻 Elio 的基础产量为 5.2 t/hm^2，

3个氮高效水稻的基础产量范围为6.7 t/hm^2～7.4 t/hm^2，氮高效水稻的基础产量比氮低效的高约30%。不同氮效率的水稻基因型对氮肥的反应差异较大。随着施氮水平的增加氮低效水稻Elio的产量均比3个氮高效基因型的低且差异显著，这与江浦试验点的田间试验结果是一致的。

不同基因型水稻产量的差异是由氮素吸收效率和氮素利用效率共同引起的。对中熟型水稻而言，在不同的施氮肥水平下均是氮素利用效率对产量的贡献率远大于氮素吸收效率对产量的贡献率；对晚熟型水稻而言，在不施氮肥条件下氮素吸收效率对产量的贡献率为0.388，小于氮素利用效率的贡献率。随着施氮量的增加，氮素吸收效率对产量的贡献率增加到0.552，超过了氮素利用效率的贡献率。由此我们可以推测，氮积累量和氮素利用效率对产量的贡献率随着水稻的生育期和施氮水平的不同而不同。

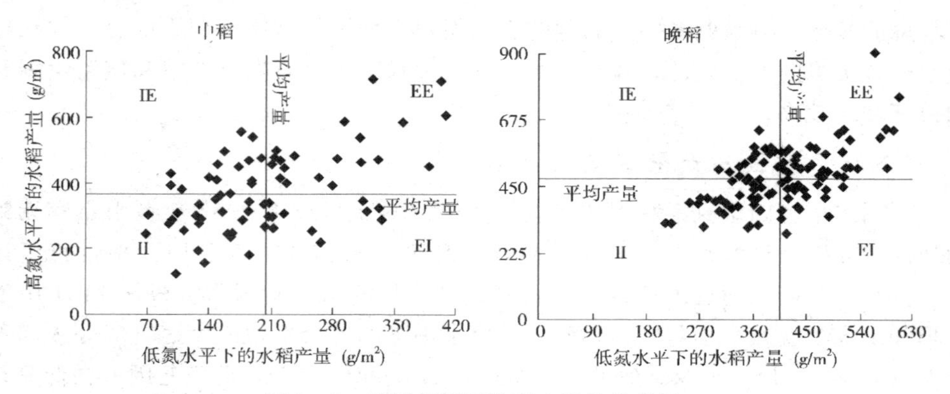

图7－1　不同氮利用效率水稻的分布图

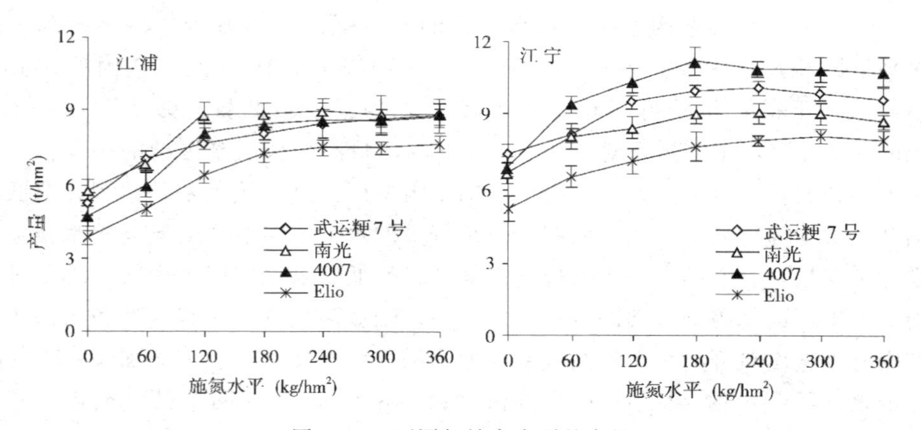

图7－2　不同氮效率水稻的产量

水稻体内的氮能否高效利用关系到产量的高低，因此在不同的施氮水平下氮素利用效率都对产量起到决定性的作用。晚熟型水稻的生育期长，在不施氮条件下由于土壤中可供水稻吸收的氮量有限，水稻体内的氮素利用效率对产量起决定性的作用；当施氮量为 180 kg/hm^2 时，土壤中可供水稻吸收的氮量较为充足，而且其生育期较长，因此水稻氮素吸收效率对产量的贡献率增大，甚至超过了氮素利用效率对产量的贡献率。

二、水稻各生育阶段的氮素需求特征

研究表明，我国主要产稻区每公顷产 7500 kg 稻谷（谷草比为 1∶1）需要氮肥 112.5 kg～187.5 kg。同其他作物一样，氮素过多或不足均会给水稻生长发育带来不利影响。同时，水稻对氮肥的两个最大效应期是分蘖期和幼穗分化期。水稻各生育阶段中的含氮量以苗期最高，移栽期暂时下降，之后迅速上升，分蘖时又逐渐下降，尤其是幼穗形成后下降急剧。不同基因型水稻对氮素吸收、利用的能力差异较大。

（一）水稻各生育阶段的氮素营养特性

关于水稻在不同生育期的氮素积累进程前人已有很多研究。曹洪生等人的研究表明，水稻的分蘖期和孕穗期吸氮量最多。王秀芹等人认为拔节期至抽穗期为水稻的吸氮高峰期，此时的吸氮量占全生育期总吸氮量的 34%～48%。还有研究发现，水稻吸氮量的高峰出现在幼穗分化期以后，其中移栽期至抽穗形成期为 24%～32%，幼穗形成期至齐穗期为 57%～69%，齐穗期到成熟期为 5.7%～10%。但不同氮效率的水稻基因型在生育后期的氮素积累进程差异显著。从表 7—1 可以看出 3 个氮高效基因型水稻从分蘖期到拔节期的氮素积累量占氮素总积累量的比例最大，大约为 35%，之后随着生育期的推进氮素积累量的比例逐渐降低；齐穗期后氮低效基因型水稻 Elio 的氮素积累量明显低于氮高效基因型水稻，这与 Elio 成穗率低导致库容量小对养分的需求量少关系密切。

表 7—1　不同氮效率水稻在各生育阶段吸氮量占总吸氮量的比例（单位:%）

生育阶段	氮高效基因型水稻			氮低效基因型水稻
	武运粳 7 号	南光	4007	Elio
移栽期—分蘖期	0.27	0.23	0.21	0.36
分蘖期—拔节期	0.32	0.34	0.38	0.39
拔节期—齐穗期	0.24	0.18	0.22	0.19
齐穗期—成熟期	0.17	0.25	0.19	0.06

图 7—3 列出了施氮水平为 180 kg/hm² 时江浦和江宁两个试验地点不同氮效率水稻的氮素积累量。从图 7—3 可看出，随着生育期的推进，不同氮效率水稻的氮素积累量差异明显且在两个试验地点的趋势是一样的。以江宁试验点为例，在分蘖期时氮低效基因型水稻 Elio 的氮素积累量为 53 kg/hm²，而 3 个氮高效基因型水稻的氮素积累量平均为 37 kg/hm²；到了拔节期，Elio 的氮素积累量为 108 kg/hm²，而 3 个氮高效基因型水稻的氮素积累量平均为 94 kg/hm²，这表明在水稻生育前期氮低效基因型水稻 Elio 的氮素积累量最高，这主要是由 Elio 的分蘖较多造成其较高的干物质积累量和体内较高的氮浓度造成的；拔节期后，Elio 的氮素积累速度变慢，齐穗期时其氮素积累量为 135 kg/hm²，而 3 个氮高效基因型水稻的氮素积累量为 129 kg/hm²，不同氮效率水稻齐穗期时的氮素积累量差异不明显。齐穗期之后，与 3 个氮高效基因型水稻相比，Elio 的氮素积累速率变小以至于其成熟时氮素总积累量最低（144 kg/hm²），而 3 个氮高效基因型水稻成熟期的氮素积累量平均值为 159 kg/hm²，其中，南光和 4007 的氮素积累量与 Elio 的差异显著。

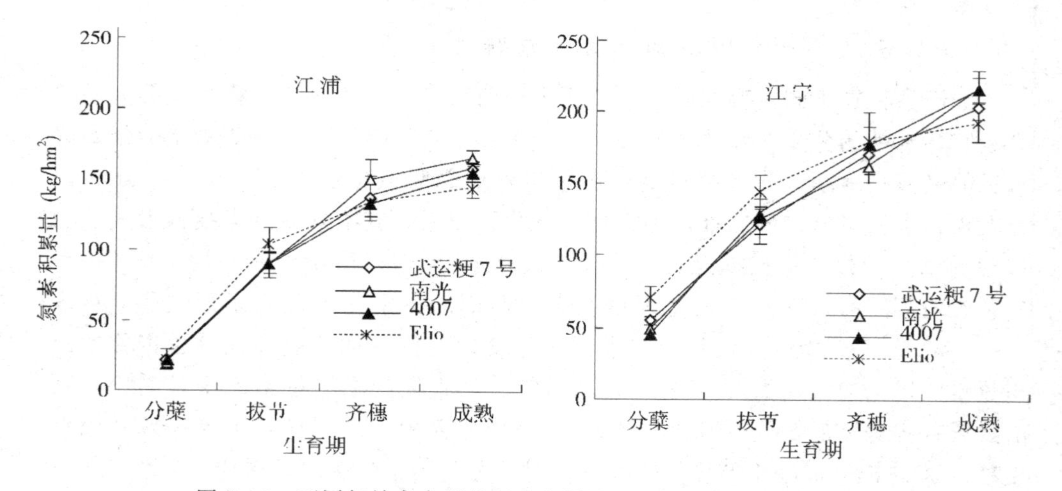

图 7—3 不同氮效率水稻的氮素积累量（施氮量为 180 kg/hm²）

综上所述，在本试验条件下，水稻齐穗后的氮素积累量占氮素总积累量的 1%～37%。这表明水稻齐穗期之后从土壤中吸收的氮素只占水稻全生育期很小的一部分，其中的原因可能是水稻根系活力下降。不同氮效率的水稻品种齐穗后的氮素积累量差异明显。

（二）水稻植株体内的氮素再利用

在生育后期，水稻根系活力下降，水稻的养分吸收能力也随之下降。另外，进入齐穗后叶片已完成生长发育。当稻穗氮需求量大于植株吸氮量时，叶片内部蛋白质降解酶活性增强，表观上叶片对外输出氮素；而当稻穗氮需求量小于植株吸氮量时，叶片内部蛋白质合成旺盛，叶片吸收氮素，表现出强劲的生长特征。

水稻对氮素的高效利用最终体现在水稻老叶向新叶以及营养器官向生殖器官（水稻籽粒）转移氮素的效率。在籽粒形成的前两周由于籽粒中蛋白质的合成极快，对氮素的需求非常大。水稻灌浆期根部吸收的氮素并不多，仅占10%～30%，其他就靠水稻茎叶等营养器官的氮素转移，其中64%的氮素来自叶片，16%的氮素来自叶鞘，20%的氮素来自茎秆。就水稻籽粒而言，叶中可迁移态氮的作用非常大，水稻抽穗后既要保持倒一、倒二和倒三叶的光合作用持续长（尽量使这些功能叶中的氮素推迟向籽粒转移的时间），又要尽快调动下层叶片中的氮素向籽粒转移。张亚丽的研究表明，水稻齐穗后氮素转运量占齐穗期前氮积累量的19%～51%，氮高效基因型水稻中武运粳7号和4007的氮素转运量都在45%以上，而氮低效基因型水稻Elio的氮素转运量所占比例较低，只有30%（如图7—4）。相关分析的结果表明，水稻的产量和氮素生理利用效率与齐穗后的氮素转运量有极显著的正相关关系。值得我们关注的是，氮高效基因型南光在籽粒灌浆期所需要的氮素有一半左右的量是齐穗后期从土壤中吸收的，这说明不同的基因型和不同的环境条件影响水稻齐穗后的氮素吸收和转运。

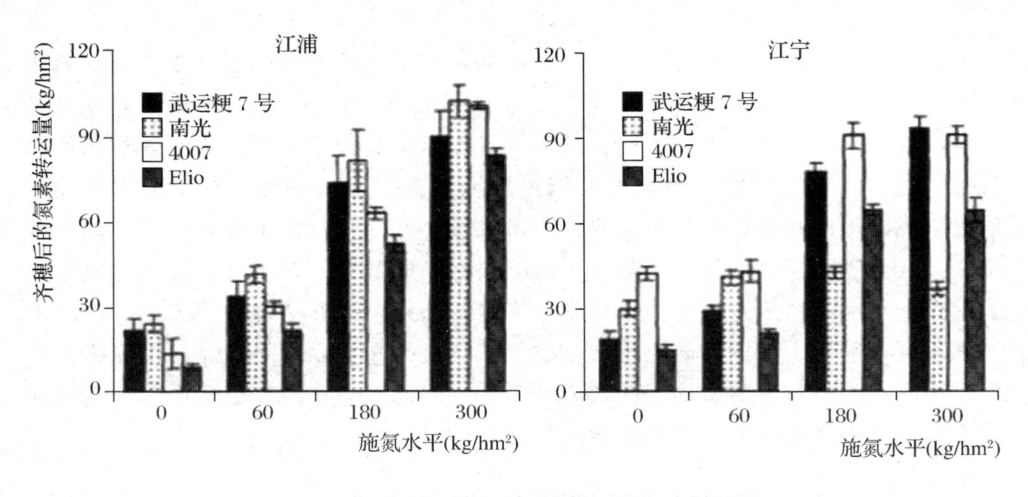

图7—4　不同氮效率水稻齐穗后的氮素转运量

施肥增加了水稻齐穗后的氮素转运量，从理论上也能增加水稻产量和氮素利用率。但是，施用氮肥实际上降低了氮素生理利用效率。氮肥和氮素生理利用效率理论和实际相矛盾的原因可能在于水稻植株吸收氮素的动力学特征。有研究表明在穗分化期施用的氮肥，水稻植株在10天之内吸收了其中的53%，并且施肥后4天内最大的氮素吸收速率每天为9～12 kg/hm^2。这就意味着水稻吸收氮素是以极快的速度在极短时间内完成的。这容易导致水稻齐穗期已经吸收了大量的氮素，那么齐穗后大量碳水化合物的积累和氮素的转运就显得非常重要了。当水稻齐穗后干物质的积累和氮素的大量转运不能弥补齐穗期大量氮素的积累时，氮素生理利用效率就不可避免地会下降。

第二节　玉米农田生态系统

一、生长后期吸氮对氮素吸收的影响

从整株玉米的角度，氮素吸收量是受玉米生长“库”的需求所决定的。张颖等人在东北春玉米中的研究表明，高产（15000 kg/hm^2）、中产（12000～15000 kg/hm^2）、低产（9000～12000 kg/hm^2）玉米田氮素积累量可分别达到574 kg/hm^2、445 kg/hm^2 和283 kg/hm^2。在生长期间，随着玉米生长发育速率的增大，整株玉米吸氮速率增大。玉米拔节期以后植株干生物量的增长速率显著增大，氮素积累速率也相应增大。到开花期，玉米植株可以积累全生育期总氮量的55%～90%。在我国东北春玉米区，追施氮肥（^{15}N）后有50%的氮素是在开花后吸收的。与小麦等作物不同的是，现代玉米杂交种通常在抽雄吐丝后仍能吸收很多氮素，有时可达40%，因此玉米后期植株常表现绿熟特征。玉米后期的氮素吸收既可以直接供应籽粒需要，也可以减轻叶片氮素输出及其所导致的叶片衰老。降低玉米开花后氮素的吸收可能导致籽粒的败育。在这种情况下，氮素的转运在籽粒产量形成过程中的作用就不显著。但是，绿熟品种并不表示其叶片的氮素不可再利用。我们的研究表明，在土壤缺氮条件下，绿熟型品种的氮素同样可以输出，为籽粒生长所用，叶片表现黄化。因此，叶片的绿色实质上还是植株体内氮素供需平衡（吸收与再转运）的结果。

二、地上部库容对氮素吸收的影响

玉米产量的形成必须具备两个条件：一是要有足够的光合产物，以满足作物生长和产量形成的需要；二是要有足够的籽粒库容。

在抽雄期以后，叶片是光合作用产物合成的主要器官。国外研究者认为，在抽雄期去掉雌穗以上的一片或几片叶对籽粒含氮量有影响，对整株玉米的含氮量没有显著影响。如果在抽雄期开始对穗位叶进行遮光处理直至收获，那么会明显影响植株对氮素的吸收。抽雄期开始意味着植株从营养生长向生殖生长的转变。穗位叶对籽粒产量的形成非常重要，对穗位叶进行遮光处理会影响叶片的光合作用，加速叶片的衰老，导致光合产物向根系的分配运输减少，严重影响根系的生长，使植株的冠根比明显增加，根系的氮素吸收能力也相应下降，不能满足植株生长对养分的需求，使整株玉米的生物量和含氮量显著降低。

雌穗是氮素吸收积累的重要储存库，套雌穗减轻了雌穗中籽粒生长对光合作用产物和矿质养分的竞争，促进了根系含氮量增加，植株的冠根比也大大下降。尽管如此，套雌穗植株的氮素积累量明显低于对照植株。这一结果说明，在田间养分充足条件下，植株对养分吸收的多少主要取决于地上部的需求，而不取决于根系的大小。

三、氮素的利用效率

从全生育期角度来看，氮素积累不仅取决于氮素吸收过程本身，还取决于氮素的利用过程。这是因为氮素吸收的最终调控者来自植株地上部的生长（库的需求）。在幼苗期，由于植株体内氮素需求较低，吸收过程受到反馈抑制。拔节期以后，植株进入快速生长阶段，土壤氮素总体供应逐步成为限制因素。氮素吸收产生正反馈调节。开花后进入籽粒建成期，籽粒建成作为一个重要的库，成为反馈调节氮素吸收的主导因素。研究表明，氮素供应不足严重影响雌穗的发育，开花-吐丝期间隔时间加长，授粉不足，籽粒结实率差，籽粒数显著减少。中度氮素胁迫对营养体生物量影响很小，不同基因型间的营养体生物量几乎没有差异。但是，氮高效基因型水稻的穗发育显著优于氮低效基因型水稻，表现为结实率和穗粒数显著较高，单穗重较沉。发育的穗和籽粒作为氮素需求的库，强烈地调节了开花后氮素的吸收，其表现为氮高效品种开花后的吸氮量显著高于氮低效品种。由于后期土壤氮素多来自土壤中氮的矿化，在生育后期维持相对较大的根系，对后期氮素高效吸收依然是必需的。

在氮素供应相对不足的条件下，植株体内氮素向籽粒转运的增加是不可避免的。氮素转移的直接结果是叶片氮素含量的下降，进而可能降低叶片的光合速率。我们课题组的田间研究发现，正常供氮条件下玉米营养体的含氮量平均为2.0%，低氮处理下降到1.5%左右，不同基因型水稻间差异不显著。但氮高效品种的穗位叶光合效率并没有降低，氮低效品种的叶片光合效率则显著降低。同时，在吐丝-灌浆期，氮高效品种的绿叶面积及叶绿素含量均高于氮低效品种。

这说明，玉米叶片的光合氮素利用效率有很大潜力，在低氮供应条件下，氮高效品种植株体内的氮素可能更高效地被分配到叶绿素中。这样，即使叶片含氮量明显下降，仍能保持较强的光合效率。另外，在氮低效品种中，由于籽粒发育受低氮限制较强，后期籽粒数减少，对同化物的需求下降，可能对叶片光合强度产生负反馈调节。

氮素供应显著影响叶片的扩展，最终影响叶面积大小。研究表明，氮高效品种在叶片扩展方面明显具有优势，在低氮条件下保持了较大的叶片面积。

第三节　水稻-小麦轮作农田生态系统

一、水稻-小麦轮作系统中作物的需氮特征

水稻吸收的氮素有铵态氮、硝态氮、酰胺态氮和有机态氮，其中主要是铵态氮，其次是硝态氮。硝态氮在土壤中易流失，在还原层因反硝化作用而造成脱氮损失。因此，水稻氮肥多以铵态氮为主，到了生殖生长期，水稻根系呼吸作用的末端氧化酶以黄酶为主，有利于硝态氮的吸收，后期施用硝态氮肥有利于提高氮的浓度，保持根系活力。因此，后期施用硝态氮肥可获得比较好的效果。

水稻吸收的养分有相当一部分是由土壤供给的，其供给量主要取决于土壤养分的储存量（供应量）及有效状况（供应容量）。供应容量和土壤中的有机质含量、母质成分及灌溉水质等状况有关；供应强度受土壤中有机质的性质、土壤结构、酸碱性和氧化-还原电位、微生物组成及土壤温度等影响，尤其和有机质含量的关系最大。如果土壤有机质含量高、碳氮比低、分解快，那么供应容量和强度都较大。如果土壤有机质少，但土壤通气性好、有机质分解快，那么养分供应容量小而强度大。春季插秧时气温低，有机质分解慢，养分供应强度低，但随着生育期的推移和气温的升高，供应强度逐渐增大。

（一）氮素在水稻作物中的作用

水稻全株的含氮量占干重的1%～3%。氮元素是构成蛋白质的主要成分，占蛋白质含量的16%～18%，而细胞质、细胞核都含有蛋白质，大部分酶都是蛋白质。此外，核酸、核苷酸、辅酶、磷脂、叶绿素等化合物中都含有氮元素，而某些植物激素（如吲哚乙酸等）、维生素（如 B_1、B_2、B_3、PP 等）和生物碱

等也含有氮元素，因此氮元素在水稻生命活动中占有首要的地位。

（二）水稻根系吸收氮素

水稻根系除了有吸收水分、养分和向根际分泌氧的主要功能外，还有合成氨基酸和细胞分裂素的功能。“肥料三要素”在水稻根系中，以氮素对根系生长的影响最大。施用氮肥有明显促进根系生长的作用。施用堆积肥的稻田，根系数量多，分布密度高，在整个耕作层中分布均匀。当然，灌溉方式对根系生长有直接的影响。搁田和间歇灌水，有利于氧气进入土壤，促进根系的生长。

（三）水稻植株内氮素的运输和分配机理

水稻产量的物质来源主要是光合作用产物，其余是根系吸收的养分。水稻产量的形成过程是干物质积累与分配的过程。在水稻生长发育过程中，植株所积累的干物质越多，并且分配到稻穗部的比例越大，产量越高。水稻生育前期的氮素分配中心主要是营养器官，即叶片、茎鞘和根，水稻吸收的氮素量与水稻叶片颜色有直观表现，叶色较暗（深绿）意味着含氮量较多，反映稻株以氮代谢为主，光合产物用于新生器官生长，储存少；叶色较浅（浅黄）意味着含氮量较少，表明以碳代谢为主，叶含氮量少，光合产物储存较多，新生器官生长慢。中期分配中心开始向穗部转移，后期的分配中心是生殖器官。穗的氮素既有新吸收的，又有抽穗前储藏在茎鞘中的氮素再分配到穗中的。抽穗期至成熟期的氮素积累量与产量呈抛物线关系。因此，控制群体数量，提高群体质量，使群体在抽穗期至成熟期保持较多的氮素水平且分配到成粒中，是水稻高产、优质栽培的核心。

（四）水稻各生长期氮素的需求规律

水稻的一生是指从种子发芽到新种子形成的整个生长发育过程，可划分为营养生长期、营养生长和生殖生长并进期及生殖生长期三个阶段。

1. 种子发芽和幼苗生长

水稻在受精后 7～10 天就具有发芽能力，但成熟不充分的种子发芽所需的时间长，腐烂的机会多，发芽率较低。因此，成熟的种子在吸水后，种皮膨胀软化，胚和胚乳的呼吸加强，酶的数量和活性增加，胚乳在酶的作用下转化为简单的可溶性物质，供胚生长之用，不久抽出第一片叶。水稻种子发芽和幼苗生长所需的营养和能量主要由种子本身提供，无须外加氮素或其他营养物质。

2. 叶的生长

稻叶可分芽鞘、不完全叶及完全叶三种。同一品种水稻在土壤氮素充足的条件下，若生育期延长，叶片数量会相应增加，这是因为水稻叶片的光合量占植株总光合量的 90%以上。叶子与水稻全株的生育、茎的生长、穗的分化发育、灌浆结实都有密切关系，并最终影响水稻产量。一般来说，生育期长的品种，在氮素营养充足及光照充分的条件下叶片寿命较长，缺肥和光照不足都会使叶片寿命缩短。

3. 茎的生长

一般生育期短的品种节间数少，生育期长的品种节间数多。地上部节间自下而上渐次增长。研究表明，在茎秆的有机和无机物质成分中，全纤维素和钾的含量与抗折强度高度相关。因此，在施足够氮肥的同时应施足够的钾肥，可增加茎厚度和维持细胞的高膨压，增强茎秆机械强度。

4. 分蘖

在发育过程中，由于光照、养分和其他环境条件的影响，有的分蘖芽不能发育成分蘖，有一些可能保持休眠状态。水稻一生一般只发生 1 或 2 次分蘖，很少发生第 3 次分蘖。分蘖能抽穗结实的称为有效分蘖，不能抽穗结实的称为无效分蘖。氮素对水稻分蘖的影响最大。在氮素充足的稻田里，水稻分蘖发生早且快，分蘖期较长。

5. 幼穗的分化形成

在雌雄蕊分化前期追施氮肥，有增加颖花花数的作用，其中在第一苞原基分化期前后施用适量速效氮肥（促花肥）对增加二次枝梗和颖花花数的作用最大，但要根据苗情掌握用量。施用氮肥不当容易引起上部叶片徒长和下部节间过度伸长，造成后期郁闭和倒伏。在雌雄蕊分化期后，追施氮肥，对增加颖花花数已不起作用，而且能减少颖花退化。在花粉母细胞形成期，即剑叶露尖后，施用适量氮肥（保花肥），能提高上部叶的光合效率，增加光合作用产物的积累，为颖花发育和颖壳增大提供足够的有机养分，能有效地减少颖花退化和增大颖壳容积，起保花增粒和增重作用。但氮肥用量不能过多，否则容易造成贪青晚熟、影响产量和后季作物的适时种植。

6. 开花结实

肥水等条件与米粒的发育有密切关系，后期断水过早和氮素不足，都会造成上部叶片的早枯，影响光合作用产物的积累和转运；相反，长期淹水，会造成根系早衰，影响叶片的寿命和光合作用效率；后期氮素过多，成熟推迟，产量降低，不完全米的比例显著增加，品质变劣。

（五）水稻高产的施肥方法

1. 重基肥施肥法

较高施氮水平（225 kg/hm^2）下以基肥：分蘖肥：穗肥：粒肥为 5：2：2：1 的施氮比例产量最高，也有人主张基肥量应占总肥量的 70%～80%。追肥分为分蘖肥和穗肥，在分蘖末期、穗分化开始时要控制施肥。这种施肥法以穗粒并重为主，既增穗多，又增粒多，一般稻田常用这种施肥法。

2. 均衡施肥法

$\frac{1}{3}$的氮肥全层基施（耕前施入，混在 0～20 cm 耕层）；$\frac{1}{3}$的氮肥在返青期表施促穗；$\frac{1}{3}$的氮肥在颖花分化期施入，可减少颖花退化，保花。

3. 深层施肥法

30%的氮肥在插秧前耕混全层或插后 7～10 天深施于 5～7 cm 土壤中。穗分化开始时施入余下的 70%的氮肥，深施到 12～15 cm 土层。此施肥法肥料利用率高，比表施节省氮肥 20%，水稻长势稳，成穗率高，茎节短粗，上部叶片大，叶色深，粒多粒饱。

（六）水稻氮肥的施用量

水稻氮肥的施用量已有较多的研究报道，概括起来主要是针对水稻生长过程中的病虫害、水稻的产量及稻谷的品质三个方面。

随着施氮量的增加，水稻的病虫危害也增加，因此施氮量应在 150 kg/hm^2 左右较合适。当然，也要根据不同土壤条件、气候特征、水稻品种及种植方式等做适当调节。在中等肥力土壤上，纯氮用量为 225 kg/hm^2 较适宜；中等肥力的砂土上用半腐解秸秆覆盖后，旱作水稻的施氮量以 150 kg/hm^2 最为适宜，但氮肥用量高于 112.8 kg/hm^2 会使稻谷蛋白质含量下降。

二、水稻-小麦轮作系统中水稻季氮肥量农学效应、经济效应与环境效应

（一）水稻-小麦轮作系统中水稻季土壤供氮量和氮肥用量

1. 水稻季氮肥用量和产量

目前，太湖地区在追求水稻高产目标时，氮肥使用量已达到 300 kg/hm^2，有的甚至高达 350 kg/hm^2。张振克的研究结果表明，太湖地区农田氮肥使用量为 345 kg/hm^2，约是科学施肥量（120～180 kg/hm^2）的两倍。

2. 土壤对当季作物的供氮量

在一季作物生长期间，土壤向作物提供的氮素总量，称为土壤供氮量。土壤供氮量取决于土壤起始速效氮量以及在作物整个生长过程中土壤氮素的释放量。土壤中起始速效氮主要有两个方面的来源：一是施入氮肥和有机肥的残留；二是休闲期间土壤有机氮的矿化。土壤起始速效氮量与前茬的氮肥和有机肥的施用量

有密切的关系。当前，在施肥量较高且作物吸肥量较低的土壤残留的氮量较高。

土壤供氮量由田间无氮区地上部分积累的氮量扣除种子或秧苗中的氮量求得。我国的田间试验测定结果表明，土壤对水稻和小麦的供氮量一般为 34.5～126 kg/hm^2，占 0～20 cm 土壤全氮储量的 1.2%～3.3%。作物高产对土壤氮素供应的依赖性为 45%～83%。显然，土壤供氮能力是影响作物高产、稳产的重要因素之一。对太湖地区已往的统计结果表明，单季晚稻平均供氮量为 76.5～108 kg/hm^2，供氮率为 2.1%～3.3%，单季晚稻对土壤氮素的依赖性为 62%～75.9%。在田间微区试验中，对苏南地区 9 块稻田（单季晚稻）的研究表明，耕层以下土壤的供氮量可达 15～37.5 kg/hm^2，平均为 24 kg/hm^2，占全层（包括耕层及其以下土层）土壤供氮量的 16%～50%，平均为 30%。

随着化学氮肥的增加，作物产量和氮素吸收量逐步增加，但单位氮素的增产量及边际增产率逐步降低。显然，未被作物利用的那些氮素，用于强化土壤中各个通道的氮循环了。因此，土壤中残留氮的总量有望增加，这样能促进土壤中各种微生物活动，促进不施肥时土壤释放氮量和作物单产的增加。无氮区单产随施肥量的增加逐步增加，其重要的原因可能就是多年残留土壤的化肥氮强化了土壤的供氮量。有些研究指出，凡是稻田土壤供氮能力高的，作物对肥料氮的依赖性就相对较低，因此投入肥料氮的数量也可节省出来。

四年的统计结果表明，常熟土壤对单季晚稻的供氮量平均为 111 kg/hm^2。常熟目前的基础产量比太湖地区（20 世纪 80 年代）的基础产量增加了 1207 kg/hm^2，土壤供氮量增加 35 kg/hm^2。农田土壤自然供氮能力受环境来源氮量的明显影响，据谢迎新 2006 年的估算，环境来源氮量（包括大气干湿沉降和水稻季灌溉水带入氮）为 89 kg/hm^2，其中稻季为 74 kg/hm^2，相当于当前常熟稻田自然供氮量（平均111 kg/hm^2）的 66.7%，环境来源氮是农田自然供氮的重要来源。

在无肥条件下作物的吸收养分量是土壤供肥特性的一个指标。无肥区从土壤中带走氮素 111 kg/hm^2，从农田生态系统养分平衡的角度看，必须通过补充由于水稻收获带走的养分，以保持整个系统的养分收支处于平衡状态。可以说无肥区养分吸收量是制订施肥计划的重要参数。在施用氮肥的基础上，由于环境氮带入农田土壤的影响，土壤供氮量对产量的贡献率为 16.3%～18.6%，平均约为 17.5%。

（二）水稻-小麦轮作系统中水稻的氮肥增产效果及氮肥表观利用率

图 7—5 为不同氮肥处理与施肥水平下的水稻产量。结果表明，作物产量并不是随着施氮量的增加而增加的，而是有一个适度范围，至最高产量后，如果继

续增加氮肥使用量，产量反而下降。在太湖地区，土壤肥力较高并且加上多年来大量施用氮肥，造成土壤中氮肥的大量积累，外界施加的氮肥增产效果不显著，施入的氮肥通过各种损失的途径如氨气挥发或硝化作用-反硝化作用等进入环境。从太湖地区长期定位试验研究结果来看，该区域水稻氮肥施用量为 161～241 kg/hm²，平均为 201 kg/hm²。如果超量施用氮肥，从经济效益、产量效益和环境效应来说都是得不偿失的。

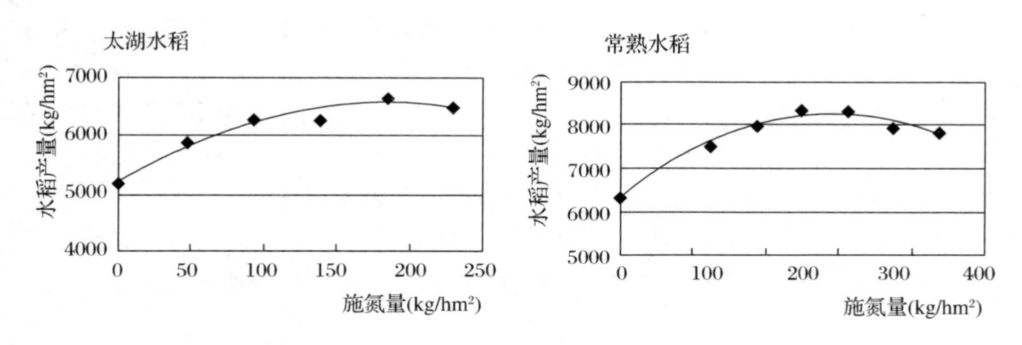

图 7—5　不同氮肥处理与施肥水平下的水稻产量

氮肥用量与产量之间存在一些规律，无论优化处理还是习惯处理，在一定范围内对水稻增施氮肥有增产效应。氮肥用量在 200 kg/hm² 内，水稻产量随氮肥用量增加而增加；当氮肥用量超过 200 kg/hm² 时，增加氮肥用量不能使水稻增产；当氮肥用量在 300～350 kg/hm² 时，各点田间观察点都出现明显的倒伏现象而减产。这说明过多地施用氮肥对水稻造成了毒害作用，不利于生长，使得产量降低。从经济角度考虑，过量的氮肥加大了生产成本，并且降低其生产效应。

第四节　小麦-玉米轮作农田生态系统

一、华北平原小麦-玉米轮作系统的施肥现状

华北平原作为我国典型的高投入高产出的集约农业区，化肥的投入已处于相当高的水平。对农民生产资料投入的调查表明，小麦-玉米轮作系统中肥料投入已占农民生产总投入的 50%以上。根据大量调查结果及对国家统计数据的综合分析表明，华北地区小麦化肥氮、磷、钾的施用量分别为 278 kg/hm²、

143 kg/hm^2、48 kg/hm^2，玉米化肥氮、磷、钾的施用量分别为258 kg/hm^2、68 kg/hm^2、39 kg/hm^2，小麦-玉米轮作系统中化肥氮、磷、钾平均用量分别为537 kg/hm^2、211 kg/hm^2、87 kg/hm^2，而小麦-玉米一个轮作周期（小麦和玉米平均产量分别为5500 kg/hm^2 和6000 kg/hm^2），需要的化肥氮、磷、钾仅为272 kg/hm^2、112 kg/hm^2、230 kg/hm^2。总体来看，华北平原小麦-玉米轮作系统中氮用量已远远超过达到当前作物产量水平的氮肥需求量。

同一地区不同农户间在氮肥用量上存在巨大差异。例如，崔振岭对山东省惠民县370个农户氮肥施用状况的调查表明，在小麦季氮肥用量最高为919 kg/hm^2，最低为143 kg/hm^2，平均用量为365 kg/hm^2；在玉米季氮肥最高用量为600 kg/hm^2，最低用量为56 kg/hm^2，平均用量为249 kg/hm^2。由此可见，农民施用氮肥的随意性很大，对合理施氮量没有明确的概念。

在肥料施用时间方面，传统施肥技术强调重施基肥，基肥用量常占总施肥量的50%左右，有些地方甚至采用100%做基肥的“一炮轰”策略。

二、华北平原小麦-玉米轮作系统氮肥利用率和环境效应

（一）氮肥利用率很低

我国从20世纪70年代开始大量施用氮肥，作物产量不断增加。但近几年来，作物产量并未随着施氮量的增加而增加，而是出现产量徘徊现象，降低了氮肥利用率。朱兆良和文启孝分析了我国20世纪80年代大量氮肥肥效试验的结果后指出，当时粮食作物氮肥利用率为28%～41%，平均约为35%。但是，从20世纪90年代中期以来的研究结果表明，我国粮食作物的氮肥利用率普遍下降。张福锁等人通过收集全国不同地区2001～2005年水稻、小麦和玉米的1333个试验数据，利用差减法得出我国水稻、小麦和玉米的氮肥利用率分别为28.3%、28.2%和26.1%，平均约为27.5%。就氮肥高投入的华北地区而言，氮肥利用率不高同样是小麦-玉米轮作系统中存在的普遍问题。例如，北京地区冬小麦-夏玉米轮作系统中，传统施氮条件下（每季作物施氮量为300 kg/hm^2），氮肥利用率仅为25%；山东惠民的试验结果表明，在农户习惯施氮条件下（冬小麦和夏玉米氮肥用量分别为300 kg/hm^2 和240 kg/hm^2），冬小麦和夏玉米的氮肥利用率分别仅为10%和6%。

赵荣芳对北京地区小麦-玉米轮作系统氮肥管理的研究结果表明，农民传统的“大肥大水”的管理措施，不仅不能增加作物籽粒产量，反而明显降低氮肥利用率；作物籽粒产量相当的情况下，农民传统氮肥管理的氮肥利用率仅为20%，

而优化氮肥管理则可使氮肥利用率高达50%。

（二）氮素损失与环境效应

在氮肥过量施用的情况下，除很少一部分通过微生物固持进入有机氮库外，更多肥料氮有的以无机氮的形式累积在土壤中，有的以各种形式损失出土壤-作物系统。硝酸盐淋溶、氨气挥发和反硝化作用被认为是肥料氮从土壤中损失的三个最重要的过程，并影响了地下水和大气的质量。

硝态氮在土壤剖面中的累积和移动受土壤质地、土体构型、残留硝态氮含量、施氮量和施氮方法、降雨量和灌溉量的影响，存在着非常大的年际变化。硝酸盐淋溶必须具备两个条件：一是土壤中有硝酸盐的积累；二是有下渗的水流。以往对降雨量在400～700 mm的我国北方地区土壤中氮素的淋溶关注度不够，主要原因是认为这些地区降雨量较少、蒸发量很高，淋溶不可能发生或不起主要作用。事实上这些地区降雨虽少，却主要集中在6～9月，强度大的降雨不仅会引起氮素的地表径流损失，还会使表层的硝态氮下渗到一定深度。北京春小麦-玉米渗漏池试验表明，淋溶主要发生在雨季的玉米生长期，淋溶量与降雨量呈线性相关。

施肥是地下水硝酸盐富集的主要“贡献者”。许多研究表明，氮肥施用量与土壤中硝酸盐的累积和淋溶密切相关，是影响地下水中硝酸盐含量的最主要因子。当施肥量超过作物最高产量施肥量时，土壤硝态氮残留量与渗漏量急剧增加，对地下水污染的风险也增大，而在略小于最高产量的施肥量或经济最佳施肥量时，不仅氮肥利用率高，而且土壤硝态氮残留少，向下淋溶的量也减少。就华北地区主要大田作物小麦和玉米来说，以一季施氮量不超过200 kg/hm^2 为宜。但是，在华北地区东部如山东、北京等地往往高于此值，由此导致土壤中硝态氮残留量和淋溶量的急剧增加。尽管在旱作系统中的正常年份，当季施肥的淋溶损失可能不是氮肥损失的主要途径，不会很快进入地下水中，但土壤中硝态氮残留量的增加势必会提高其向下淋溶的风险。施入土壤中未被作物利用的氮残留在土壤中，当季即便不出现淋溶，以后可继续下移而损失。有研究认为，每年淋入地下水的硝酸盐中有15%来自施入的氮肥，淋溶总量中有68%来自非根区残留氮，20%来自根区残留氮。

氨气挥发损失是氮素损失的另一个重要途径。土壤胶体吸附的 NH_4^+ 可转化为土壤溶液中的游离态，进而转化为 NH_3，通过土壤表面挥发到空气中。在旱地土壤中，酰胺态氮肥一般情况下在2～3天内即可大部分转化为铵态氮。通常当铵态氮肥施用于pH大于7的石灰性土壤表面时，相当数量的氮以 NH_3 的形式损失。研究者综合我国部分地区主要作物的田间原位观测结果，估算出1998

年我国氮损失总计约为478万吨，以NH_3形态进入大气的约为273万吨，约占总损失量的57.1%。这些释放到大气的氨气通过各种途径回到陆地。如果这些氨气沉降发生在氮素贫瘠的草原、森林土壤或水生系统，可以提高这些系统的生产力，但过量的氨气沉降，会造成水生生态系统富营养化；如果发生在森林土壤上则会降低物种多样性并产生一系列环境问题。目前我国旱作农业中氮肥的施用多采取深施、"以水带氮"或撒施后翻埋等减少氮肥氨气挥发损失的农业措施，有效地减少了旱地氮肥的氨气挥发损失。

农业土壤N_2O释放带来的温室效应一直备受人们关注。农业土壤中N_2O主要来源是微生物活动引起的硝化作用和反硝化作用，土壤硝化作用和反硝化作用均有N_2O的释放。硝化作用释放N_2O主要发生在土壤最表层，需要好气环境；与此相反，反硝化作用释放N_2O，需要低氧高湿环境。土壤硝态氮浓度增加，反硝化作用增强，N_2O释放量增加。因此，无论是施用化学氮肥还是有机肥后，往往伴随着N_2O释放。我国是世界上农业土壤排放N_2O最多的国家之一，其主要来源是氮肥的施用。研究者应用DNDC模型，根据我国1990年的资料，以县为基本单元，分别模拟了现有施肥和不施肥条件下的N_2O排放，结果表明，我国农业土壤N_2O的年排放总量为31万吨，其中来自氮肥的N_2O的排放量为13万吨。华北平原是我国的重要粮食产区，小麦和玉米的产量分别占全国总产量的40%和28%。大量的水肥投入是华北平原小麦-玉米轮作系统存在的典型问题，华北平原农业土壤可能是我国农田N_2O排放的一个重要来源。综上所述，氮素损失是氮肥去向的一个重要方面，与大气、水体等环境污染密切相关，因此农田土壤中氮素损失以及由此引起的环境污染问题一直是国内外研究的热点。

三、华北平原小麦-玉米轮作系统氮素循环与氮素平衡

研究典型种植制度下的氮素循环与平衡状况，对氮素的输入、输出等各个过程及其循环规律进行系统分析，明确典型种植制度下农田生态系统中氮素的来源和去向并对其进行定量化，可为建立农田生态系统中氮素平衡的模型提供基本参数，对了解我国典型地区农田土壤肥力、主要轮作制下氮素流通的基本数量特征和氮素平衡基本框架、科学施肥、合理调控农田氮素循环与平衡、保护和改善农田生态环境等都具有重要意义。我们根据调查和试验数据及相关研究结果，通过确定华北地区小麦-玉米轮作系统农田土壤氮素各收支参数，建立基于单位面积（hm^2）水平上的氮素循环模式，为该系统的氮素资源综合管理奠定基础。

（一）华北地区小麦-玉米轮作系统农田的氮素输入

1. 化肥

华北地区小麦-玉米轮作系统是我国北方典型的高投入、高产出农业生产系统。根据大量调查结果及对国家统计数据的综合分析表明，华北地区小麦农田化肥氮年均用量已达（281±58）kg/hm^2，玉米农田化肥氮年均用量已达（276±88）kg/hm^2，小麦-玉米轮作系统中农田化肥氮平均用量已高达（545±111）kg/hm^2。

2. 有机肥

近年来，小麦-玉米轮作系统施用堆肥的习惯在一些地区渐渐消失，这主要是因为一方面华北地区个体农户饲养家畜越来越少，另一方面一些经济作物如蔬菜、果树开始大量施用农家肥。华北地区小麦农田有机氮肥年均投入为 58.7 kg/hm^2，玉米农田有机氮肥年均投入仅为 9.3 kg/hm^2，小麦-玉米轮作系统中有机氮肥的施用量平均为 68.0 kg/hm^2。玉米的有机氮肥用量很低主要与农民在小麦收获后直接播种玉米有关。

3. 非共生固氮

国内外研究估测旱地作物的非共生固氮量一般为 15～30 kg/hm^2。朱兆良和文启孝考虑到氮肥对固氮作用的抑制作用，估计我国小麦的非共生固氮量为 15 kg/hm^2。基于目前对非共生固氮数量的研究较为缺乏，本文沿用这一估算。

4. 降水

大气氮素沉降是氮素生物地球化学循环中的重要环节之一。化学肥料的使用、矿物质燃烧、畜牧业发展和人类活动引起了大气活性氮浓度的持续升高，这使得大气氮素沉降量增加。根据近年来的大量观测结果，我国北方（华北和东北地区）降水输入农田系统中的氮量多数为 2.7～34.4 kg/hm^2，平均约为 21.0 kg/hm^2。

5. 灌溉

硝酸盐含量高的灌溉水给作物提供一定的氮素养分，这部分通过灌溉带入农田的氮也应该在农田氮素资源综合管理中被充分考虑。关于华北地区小麦-玉米轮作系统中农田灌溉水带入的氮素量文献记载较少。综合仅有的文献数据，通过灌溉水带入小麦-玉米轮作农田的氮量平均为 15.4 kg/hm^2，但变异系数极大。

6. 种子

除上述氮素的输入项以外，在小麦和玉米的播种过程中，种子也输入少量的氮素养分。小麦和玉米播种时种子带入的氮量可以直接根据小麦和玉米播种量以及籽粒含氮量来计算。华北平原小麦-玉米轮作系统中，一般小麦播种量为 225

kg/hm^2，玉米播种量为 30 kg/hm^2，小麦和玉米籽粒含氮量为 21 g/kg 和 16 g/kg，因此小麦和玉米种子带入的氮量分别为 4.73 kg/hm^2 和 0.48 kg/hm^2，整个轮作周期播种带入的总氮量为 5.2 kg/hm^2。

(二) 华北地区小麦-玉米轮作系统中农田的氮素输出

1. 农作物收获移走

小麦、玉米收获从农田土壤输出的氮素量可以直接根据小麦、玉米单产和小麦、玉米形成单位产量籽粒移走的氮量来计算。根据大量的调查资料和文献资料，华北地区中产田小麦和玉米平均产量分别为 5500 kg/hm^2 和 5500～6000 kg/hm^2。目前生产条件下小麦和玉米每生产 100 kg 籽粒平均需要纯氮量为 2.93 kg 和 2.51 kg。因此，在小麦-玉米一个轮作周期中，小麦和玉米收获从农田输出的氮量分别为 161 kg/hm^2 和 150 kg/hm^2，整个轮作周期从土壤中移走的总氮量为 311 kg/hm^2。

2. 氨气挥发

由于土壤高 pH、肥料形态（主要是尿素和碳铵）等因素，一般认为华北平原氮肥施用后的氨气挥发损失都较高。20 世纪 90 年代以来，施肥技术上有了一些改变，一是由碳铵为主变成了以尿素为主，二是氮肥深施，特别是作为基肥深施减少了氨气挥发损失。传统的密闭箱法测定氨气挥发损失时，箱内的土壤条件、微气象条件和生物状况与田间自然条件下相比有较大差异，导致测得的氨气挥发量不具有代表性。与密闭箱法相比，微气象学方法和风洞方法是开放式的测定方法，测定值接近田间实际情况，准确性高。因此，本书总结了近年来微气象法和风洞法测定氨气挥发的结果发现，华北地区小麦-玉米轮作系统中氮肥氨气挥发量平均占总施氮量的 22.1%。朱兆良对国内的氨气挥发研究结果的总结认为我国氮肥的氨气挥发损失为 11%。张瑞清根据对微气象学观测结果的统计汇总认为，旱地常规管理下氮肥的氨气挥发损失平均为总施氮量的 16%。本书的研究结果显著高于前人的这些研究结果。因此，在目前的氮肥施用水平(545 kg/hm^2)下，通过氨气挥发损失的氮量大约为 120.3 kg/hm^2。

3. 硝化作用-反硝化作用

对氮肥的硝化作用-反硝化作用气态损失，在许多报道中众说不一。例如，有研究表明，反硝化作用是土壤氮素损失的主要途径之一，损失量可从微量至 100 kg/hm^2；也有一些研究报道的反硝化作用损失量为 1.7～10 kg/hm^2。采用乙炔抑制法估算华北地区小麦生育期间，氮肥的硝化作用-反硝化作用损失量为痕量或极低。大多研究认为，硝化作用-反硝化作用不是该地区氮肥损失的主要途径。这一结果与 Mosier 等人和 Mahmood 等人分别对小麦和小麦-玉米轮作系统的研究结果相一致，都认为反硝化作用不是氮肥损失的主要途径。Groffman 也认为在温暖地区和大多数热带农业系统中，反硝化作用不可能是氮肥损失的重要途径。对氮肥的硝化作用-反硝化作用损失的测定结果存在较大差异可能主要是由测定方法导致的。氮肥的硝化作用-反硝化作用测定有多种方法，人们采用的测定方法不同可能会导致测定的结果大相径庭。目前，采用的乙炔抑制法自 20 世纪 70 年代得到发展以来，由于其操作简便、对仪器要求较低并可以在大田进行测定，在旱地土壤上得到了较广泛的应用。由于华北平原属于旱地土壤，因此本书只收集了采用乙炔抑制法测定的数据。根据我们的试验研究和对以往研究结果的总结认为，华北地区小麦-玉米轮作系统反硝化作用氮损失量平均占总施氮量的 3.36%，在目前的氮肥施用水平（545 kg/hm^2）下，农田化肥反硝化作用氮损失总量为 18.3 kg/hm^2。

4. 淋溶

华北平原小麦-玉米轮作系统存在很大的氮素淋溶可能性。综合已有研究结果，华北平原小麦-玉米轮作系统淋溶损失量约占氮肥总施用量的 25.4%。在目前的氮肥施用水平（545 kg/hm^2）下，华北地区小麦-玉米轮作系统农田氮素的淋溶损失（本文淋溶损失指农学意义上的淋出根层土壤，而不是环境意义上的进入地下水）可高达 138.6 kg/hm^2。

（三）小麦-玉米轮作系统的区域氮肥管理

从国内外氮肥管理的发展趋势和社会需求来看，氮肥优化管理最终必须在区域范围内实现。但是，在区域尺度上，土壤、作物等因素空间变异的存在使田块尺度的养分管理技术不能直接应用到区域尺度。与西方发达国家相比，我国以农户为单元的分散经营使得我国土壤和作物的空间变异更高，区域养分管理更加复杂。20 世纪 80 年代我国在测土施肥工作中曾提出依据肥料效应函数进行不同肥力分区的推荐施肥指导思想，但当时肥力分区在技术上有一定的难度。

近年来，地统计学和地理信息系统的快速发展为我们在区域尺度上认识土壤、作物属性的空间变异并很好地利用这些变异提供了可能。区域氮素管理的研究趋势由传统的通过一定区域内生物学试验获得的肥料统计模型来确定氮肥用量发展为借助信息技术与施肥模型对作物和土壤氮素进行有效管理、建立区域氮素管理与作物推荐施氮的技术体系。

1. 小麦-玉米轮作系统氮肥施用的区域总量

控制氮素实时监控技术在农田尺度通过根层土壤硝态氮的监测和调控，可以很好地解决、协调作物高产与环境保护的氮肥推荐问题。由于我国农业生产具有分散、规模小的特点，每个农户要频繁进行氮素的实时监控管理既不经济，也有一定难度。传统的区域氮肥推荐主要依据短期肥料试验结果并多数采用不同田块平均施氮量，这样可能会造成有些田块施氮过量而有些田块施氮不足，导致氮肥利用效率低。近年来，国际上提出精确农业变量施肥思路虽可解决上述问题，但其技术复杂，设备昂贵，大范围应用需要专业的人员和配套的设备。本研究从养分资源特征出发，依据区域农田土壤氮素空间有效性和时空变异性提出了“区域氮素总量控制、分期调控”的研究思路。

2. 氮肥施用的区域总量控制原理与方法

作物对施入氮肥的反应（氮肥肥效）取决于作物氮素需求与土壤和环境氮素供应。土壤和环境氮素供应过低，施入氮素对作物增产作用明显；反之，作物对施入氮肥反应不敏感。对一定区域范围来说，土壤氮素供应受根层土壤剖面无机氮量（铵态氮和硝态氮）和作物生育期内有机氮矿化量的影响。一定区域范围内，土壤、气候条件相对均一，作物生育期内土壤潜在供氮能力的相对稳定性决定了区域土壤氮素供应的总体稳定性，而土壤剖面无机氮的空间变异决定了区域氮素供应的局部变异性。

区域土壤氮素供应的稳定是指在一定土壤条件、气候条件和空间范围内，土壤潜在氮素供应水平从较长时段内看是相对稳定的，这是由土壤有机氮矿化决定的。从单个田块来看，由于前茬作物收获后，土壤剖面无机氮残留量很大，当季作物节氮潜力非常大，个别田块甚至无须施氮即可达到高产。但随着优化氮肥管理的不断进行，土壤剖面无机氮含量将会逐步减少，土壤有机氮矿化量占土壤供氮量的比例会上升。因此，在一定区域内，土壤有机氮矿化才是持续、稳定的氮素供应指标。据此可将一定区域范围内作物全生育期氮肥施用总量控制在一个合理的范围内。

第八章　农业面源污染调控

第一节　农业面源污染及其基本特征

一、农业面源污染的严重性

农业面源污染泛指污染物从非固定的地点，通过径流过程汇入受纳水体并引起水体的富营养化或其他形式的污染，是目前各类水体（河流、湖泊、水库和海湾等）水环境污染的最大“贡献者”之一。2010年2月6日，我国发布了第一次全国污染源普查公报，该公报是在摸清了2007年全年度我国境内排放污染物的工业源、农业面源以及生活源在内的各类污染源的基本情况、主要污染物的产生和排放数量、污染治理情况上获得的。公报指出，我国主要水污染物排放量有四成以上来自农业面源污染，其化学需氧量排放量为1324.09万吨，占化学需氧量排放总量的43.7%。农业面源也是总氮、总磷排放的主要来源，它们的排放量分别为270.46万吨和28.47万吨，分别占它们各自排放总量的57.2%和67.4%。因此，不解决农业面源污染问题就不能完全解决我国水环境问题。

我国农业增产主要依赖化肥的大量投入，化肥的不合理使用造成了许多重要流域相当程度的农业面源污染。我国种植业总氮流失量为159.78万吨（地表径流流失量为32.01万吨，地下淋溶流失量为20.74万吨，基础流失量为107.03万吨），总磷流失量为10.87万吨；巢湖、太湖、滇池和三峡库区四个重点流域总氮流失量为71.04万吨，总磷流失量为3.69万吨。养殖业的快速发展，在为人民群众提供大量畜禽和水产品的同时，造成了一定程度的面源污染。从普查结果来看，畜禽养殖业污染问题非常突出，畜禽养殖业的化学需氧量排放量为

1268.26 万吨，总氮排放量为 102.48 万吨，总磷排放量为 16.04 万吨，分别占农业面源的 96％、38％和 56％。在经济快速发展地区，农业面源对水环境的污染尤为显著。

我国党和政府高度重视农业面源污染问题。近年来，相关部门在治理农业面源污染方面做了大量的工作。例如，大力发展农村沼气，大力推广测土配方施肥，实施农村清洁工作，这些都取得了比较好的效果。但同时必须清醒地认识到，我国农业面源污染治理工作与国家要求和人民群众的期望仍有差距，水体氮、磷等富营养化指标仍然居高不下。

二、农业面源污染特征

农业面源污染具有三大特征：①发生具有随机性。因为面源污染主要受水文循环过程的影响和支配，降雨径流具有随机性，所以产生的面源污染必然具有随机性。②排放途径及排放污染物具有不确定性。影响面源污染的因子复杂多样，其导致的排放途径及排放污染物具有很大的不确定性。③时空差异性。污染负荷的时间（降雨径流过程、年内不同季节及年际间）变化和空间（不同地点）变化幅度大。以上这些特点给面源污染研究和治理工作带来诸多困难。

第二节　流域农业面源污染物的行为过程

随着污染物迁移理论的不断完善，农业面源污染物从土壤圈向其他介质圈层扩散的认识近年来有了很大的提高。农业面源污染的研究逐渐成为一个多学科交叉的领域。农业面源污染的产生、迁移、转化过程实质上是污染物从土壤圈向其他圈层尤其是水圈扩散的过程。农业面源污染本质上是一种扩散污染。对其机理的研究包括两个方面：一是污染物在土壤圈中的环境行为；二是污染物在外界条件下（如降水、灌溉等）从土壤向水体扩散的过程。

国内学者从动态过程的角度对农业面源的产污机制（产生、迁移、转化）进行了深入研究。作为一个连续的动态过程，农业面源污染的形成主要由以下四个过程组成：降雨径流过程、土壤侵蚀过程、地表土壤中溶质随径流流失过程和土壤中溶质渗漏过程。这四个过程相互联系，相互作用，成为农业面源污染研究的核心内容。

一、降雨径流过程

降雨径流过程的研究，大多是以水文学为基础，重点研究作为面源污染动力的径流的产流、汇流特性。在面源污染研究中，重点考虑产流条件的空间差异，深刻揭示农业面源污染的形成。代表性的成果有美国农业部水土保持局（Soil Conservation Service）于20世纪50年代提出的SCS模型，该模型综合考虑流域降雨、土壤类型、土地利用方式及管理水平、前期土壤湿润情况，建立了产流计算公式。

二、土壤侵蚀过程

土壤侵蚀过程是农业面源研究的重要内容，由于其对土壤质量及水体环境危害严重，国内外对土壤侵蚀的定量研究都非常重视。水土流失的研究历史悠久，取得的成果颇多。美国在20世纪60年代通过大量实验提出的通用土壤流失方程（USLE）及后来由USLE得到改进的方程（RUSLE）使用最为广泛。

三、地表土壤中溶质随径流流失过程

国内外学者均对地表土壤中溶质随径流流失过程进行了大量研究，提出了一系列的概念和理论。最早提出的概念是有效混合深度（EDI），随后出现了等效迁移深度概念，并建立了其确定方法。EDI包括了该层随下渗水迁移的溶质量和随径流迁移的溶质量，据此把有效混合深度内的溶质分成两部分：一部分称之为等效入渗深度，另一部分称之为等效径流迁移深度。等效径流迁移深度内的溶质只参与径流迁移，不参与下渗水的迁移。

四、土壤中溶质渗漏过程

土壤中溶质的下层渗漏过程的研究，是目前农业面源污染研究中的一个热点。研究的污染物多为硝酸盐和可溶性农药成分，以室内模拟的实验结果为基础，通过建立恰当的数学模型来描述其规律。根据这些模型的建模思路和表述形式大致可分为确定性模型和随机模型。确定性模型是将研究对象简化为一个由具有明确物理意义的变量组成的理想系统，系统中变量的行为遵循质量守恒定律和能量守恒定律。随机模型是将研究对象看成一个不确定性系统，运用随机理论来描述系统的行为。在土壤溶质运移的研究中，通常的做法有两种，一种是与确定性模型相结合，估算和拟合有关参数；另一种认为整个过程完全是随机的，只考虑土壤性质的输入，估算其随机输出。

第三节　农业面源污染研究与评估

一、不同尺度农业面源污染研究方法

面源污染研究在发达国家，特别是在美国，研究历史较长且非常活跃。美国在20世纪70年代初期就已进行了面源污染特征、影响因素、单场暴雨和长期平均污染负荷输出等方面的研究。土壤侵蚀的定量化研究在这一时期已相当成熟。

我国农业面源污染研究始于20世纪80年代初的湖泊、水库富营养化调查和河流水质规划，先后在于桥水库、滇池、太湖、鄱阳湖、巢湖、三峡库区等湖泊、水库流域及溶江内江段、晋江流域、淮河淮南段、辽河铁岭段进行了探索性研究，较好地把握了面源污染负荷发生状况，为湖泊、河流的水质规划与流域规划提供了可靠的依据，也为面源污染研究积累了有益经验。

剖析土地利用方式与污染负荷之间的内在联系是国外面源污染研究的基本出发点。目前，农业面源污染的研究主要有野外实地监测、人工模拟试验等方法。

（一）野外实地实测

面源污染过程研究的关键是获取必要的基本数据（包括背景资料和降雨径流监测数据）。早期的研究工作中，几乎所有资料全部依赖野外实地监测。但是，由于面源污染是一种间歇发生的，随机性、突发性、不确定性很强的复杂过程，基础数据收集工作的劳动强度大、效率低、周期长、费用高，而且缺乏数据资料或可靠性差，影响污染负荷的估算精度。当前，野外实地监测仍是面源污染研究中不可缺少的一种手段，但它在多数情况下作为辅助手段，主要用于各类模型的验证和模型参数的校正。在野外实测中，多采用综合试验场法和源类型划分法。

综合试验场法是先在研究区域内选择一块面积不大的典型径流小区，在径流小区内同步监测降雨径流的水量和水质，以小区的单位污染负荷量估算整个研究区域的面源污染负荷量。采用这种方法，工作量不大，花费也较少，因此在我国得到广泛应用。但工作中典型小区较难确定，而且面源污染是一种时空差异性很强的现象，仅以小区研究代替大区域，污染负荷的计算精度不高，也不利于了解污染的地域差异。

源类型划分法与综合试验场法基本相同。不同点在于，源类型划分法是先对研究区域进行详细调查，根据土地利用状况划分为不同的面源类型区，然后在每个源类型区内选择一块典型小区作为径流试验场，同步监测水量和水质，建立各源类型的污染负荷估算模型。这种方法考虑了不同土地利用方式对面源污染总负荷量的贡献，因此大大提高了估算精度，但是工作量和费用也相应增加了很多。

（二）人工模拟试验

随着对降雨机理的深入研究，人工布雨器能够模拟出各种类型的自然降雨，因此可以在人为控制条件下模拟各种自然条件下的面源污染。人工模拟试验的优点是可以获取大量在野外工作中无法得到的数据，解决了传统方法研究周期长、耗资高等缺陷。目前，人工模拟试验主要用于面源污染机理和模型的研究，国外的应用较多，主要研究土壤中胶体结合态氮和磷的迁移过程及沙壤土和粉质黏壤土等土壤降雨径流的产流特征。

（三）大区域调查与小区域实测相结合的方法

该方法在区域宏观调查的基础上，根据土地利用状况，将研究区域划分成不同的面源污染发生类型区（又称源类型区），然后选择典型小区，通过降雨径流水质、水量同步监测，确定每个面源污染发生类型区的单位负荷量（源强），剖析其污染发生的特征，从而提高了污染负荷估算精度，也很好地表现了不同土地利用的情况对区域面源污染负荷的贡献，对优先控制区的确定及防治对策的制订起到了积极作用。

（四）平均浓度法

鉴于面源污染监测难度大、费用高以及重视不够，我国几乎没有系统的面源污染监测资料，李怀恩教授提出了一种简便易用的流域面源污染负荷估算方法——平均浓度法，该方法的优点是能根据有限的监测资料估算面源污染负荷量，特别是多年平均及不同频率代表年的年负荷量。该方法存在的问题是多年平均和平水年的结果比较合理，而枯水年的结果可能偏大，丰水年的结果可能偏小。该方法已成功应用于黑河流域，西安市黑河引水工程的田峪、洼峪和石砭峪流域，以及陕西省丹江和汉江流域的面源污染负荷研究中。

（五）“3S（遥感技术、地理信息系统和全球定位系统）”技术

野外实地考察、监测是农村水环境面源污染研究中获取各种基础数据的最基本手段，我国研究开展之初，多单纯采用该手段获取研究所需要的各种数据。自20世纪80年代中期以来，遥感技术、人工模拟试验技术等也相继应用于面源污染研究。将农业面源污染负荷模型与“3S”技术结合、与水质模型对接用于流域

水质管理成为农业面源污染研究的新热点。GIS（地理信息系统）与USLE结合可估测土壤侵蚀率和侵蚀量；GIS还能用于土地利用情况对水质影响的评价领域。

近年来，GIS和模拟模型的结合更为紧密。面源污染研究的各种研究手段及其特点见表8—1。

表8—1　不同研究手段及其特点

研究手段	特　点
野外实地考察、监测	获取基础数据的基本手段，应用其他手段的基础，缺点是周期长、劳动强度大、效率低、费用高
遥感技术	具有视野广、分辨率高、多时相、多波段等优势，可为研究提供准确、可靠的背景资料，但不能独立完成全部基础数据的搜集任务，需地面监测工作的支持
GIS	具有灵活、快速、人机对话、图形显示等优点，适合于像面源污染这种复杂情况的研究，但需其他手段提供基础数据资料

二、农业面源污染模型评估方法

（一）模型发展阶段

1972年美国《联邦水污染控制法修正案》的制定标志着面源污染研究的重大转折。这项法律明确规定，在制定水污染防治规划时，必须同时包括点源和面源防治规划。这项法律极大地促进了美国面源污染研究的开展，提出了一些有影响的面源污染模型。

面源污染模型研究可分为四个发展阶段。

第一阶段为前计算机时期（二十世纪五六十年代）。此阶段主要发展了一些数学模型，包括SCS曲线和USLE，这两个数学模型在径流计算和土壤侵蚀预报方面发挥了重要的作用。

第二阶段（20世纪60年代）开始出现计算机模型，是人们通常所说的水文学黄金时期。但是由于那时计算机费用高昂，只有极少数的大学和机构进行了此类模型的开发，其中较为成功的模型是Stanford流域水文模型。

第三阶段（20世纪70年代至80年代中期）是面源模型大发展的时期，面源污染研究取得了两方面的重要进展：一是从简单的经验统计分析提高到复杂的机理模型；二是从长期平均负荷输出或单场暴雨分析上升到连续的时间序列响应分析。例如，HydroComp公司的面源污染系列模型PTR-HSP-ARM-NPS，以及其他研究者开发的ACTMO、UTM、LANDRUN等。这些模型大都是以水文数学模型为基础的面源污染模型。在面源污染管理方面，逐步形成和使用最佳流域管理措施（BMP）。20世纪70年代后期，特别是20世纪80年代以来，研究的重点主要转向如何把已有模型应用到面源污染的管理中去，开发新的实用模型，研究并广泛实施面源污染控制与管理措施等，同时关注经济效益。于是出现了新一代NPS污染模型，如CREAMS、ANSWERS和AGNPS等均为此阶段开发而成的。

第四阶段（20世纪80年代末期至今）。由于计算机的大范围普及，有些模型逐步进行功能改进，以求应用于计算机或一般工作站，同时模型逐渐与GIS结合，演变为一种模型综合体，提高了模型的输入/输出功能和运行效率。新技术的引进和监测手段的进一步健全，有力地推动了农业面源模型研究工作，使结果更精确。我国对面源污染研究还不够重视，加之面源污染研究与污染物总量控制规划脱节，研究手段孤立、分散，主要集中在人工模拟试验研究与野外试验，面源污染控制对策十分薄弱。研究内容已经涉及面源污染负荷评价、模型介绍及模型与GIS结合技术等，但参与人员少且研究存在阶段性和孤立性，还未形成体系，更未延展深入管理、政策的研究。

模型应用和开发方面，我国受基础数据和技术手段的限制，大多采用抛开污染物在区域地表的实际迁移过程，立足于受纳水体水质分析，计算汇水区域污染物输出量的经验统计模型，模型的计算一般采用流域水文模型与降雨径流污染负荷估算模型相接口的方法。

（二）模型的分类

综合国内外的面源污染模型的特点，可以从以下方面进行分类。

1. 按降雨径流子模型的复杂程度分类，可分为三类。第一类是以水文学中的推理公式法为基础的模型。这类模型的降雨径流子模型的范围是从最简单的径流系数法到美国农业部水土保持局的SCS法。第二类是以水文学中的时段单位线或瞬时单位线概念为基础的模型。可分为两种情况：一是降雨径流子模型采用单位线法进行汇流计算，即用时段或瞬时单位线推求流量过程线；二是用时段或瞬时单位线推求面源污染负荷过程线。第三类是以水文数学模型为基础的面源污染数学模型，这类模型大都属于机理模型，即试图详尽地描述面源污染的物理、化学和生物过程。这三类模型都已广泛应用且各有特点及适用条件。第一类模型的特点是简单实用，对资料要求不高；第三类模型可对面源污染的主要过程进行详细模拟，具有预测功能，但需要较多的实测资料；第二类模型介于第一类和第三类模型之间。

2. 按照对研究区域（流域）的处理方法，可分为集总参数模型和分散参数模型两类。集总参数模型是把研究区域作为一个整体来考虑，在有关特性均匀一致条件下建立的模型。这种模型把影响过程的各因子进行均一化处理，得出一个综合各因子的参数，进而对流域水文过程的空间特性实行平均化的模拟。模型假定：流域各因子分布是均一的，在给定的某一次降雨中，流域的一些空间因子，如降雨、地形、管理措施、土壤类型等对流域水文过程不产生影响。模型的输出端是一个单一的结果，不包含流域水文过程空间特性的具体信息，模型所采用的实际上是一种经验方法，因此精确度较低，并需要历史数据的校验。

分散参数模型是将研究区域划分为较小的具有均一特性的单元，然后对每个单元分别进行模拟，通过叠加的方法得到流域总输出。模型充分考虑了流域各个因子的空间差异性，它把流域细化为多个连续的小单元，不同单元中流域因子不同，而同一个单元中的流域因子是近似相同的。因此，模型可以对流域内的任一“点”进行模拟和描述，从而把各个单元的模拟结果联系起来，扩展为整个流域的输出结果。

集总参数模型采用流域内各点参数的平均值来代表和概括总体特性，但在实践中有很大的局限性和粗放性。分散参数模型提供了一种从微观到宏观的思路和方法，但这种模型要求输入的参数量太多，而且在进行模拟计算时，还需对数据进行预处理，CREAMS 模型和 AGNPS 模型就是分散参数模型。

3. 根据模型建立的途径和所模拟的过程，模型通常可分为经验模型或黑箱模型、物理模型或过程模型、概念模型、随机模型等。

经验模型或黑箱模型：经验模型是在一定条件下，以实地观测或实验数据为基础建立的，而不是理论推导而得的，因此模型与相同或相似条件下的实际观测值较为吻合。这种模型可能是一个粗略的关系式，也可能是一个复杂的多样回归方程，由于它们只是把输入的数据通过一定的算式转变为输出结果，但对于物理过程则无法模拟，有时把经验模型称为黑箱模型。这种模型相对比较简单，运算所需的数据量比较少。在土壤侵蚀和农业面源污染研究以及实践生产中，最常见也是应用最广泛的一种经验模型是 USLE，此外由 USLE 演变而成的其他经验模型还有 RUSLE、SLEMSA 和 IDEROSI 等。这些模型都是以 USLE 为基础修改其中的某些参数而建立的。一般而言，经验模型由于缺乏足够的原理性描述，其模拟结果也较为粗略，一般不适用于有关机理、过程模拟等深层次的研究。

物理模型或过程模型：物理模型模拟的是整个事件或系统的过程，这种模拟方法采用的是原理和理论的推导，而不是过程的简化。模型的物理参数可以通过实测获得，也可通过方程求得。在研究中较为常用的物理模型有以下几种：CRE-AMS、ANSWERS、WEPP 和 AGNPS 等。

概念模型：概念模型也可称之为半物理模型，这是因为它采用一种简化的方法模拟物理过程，即把某一物理过程的各个阶段都分别用简化的手段进行处理或模拟。

随机模型：随机模型一般在水文学研究中较为常用，这种模型基于长序列事件中某一状态出现的可能性，从而可对水文中的一些不确定因素进行研究。

三、农业面源常用模型及评价

国外农业面源模型大多与土壤侵蚀模型结合在一起，并以流域模型的形式出现，有的属于集总参数模型，也有的属于分散参数模型。很多模型可以在 GIS 平台下操作或与 GIS 结合。一些常用的模型有 RUSLE、CREAMS、AGNPS、ANSWERS、WEPP 和 SWAT 等。

（1）RUSLE 模型　USLE 模型在土壤侵蚀研究领域已有 40 余年的历史，在国内外得到广泛的应用，其涉及和使用的范围很广，是其他土壤侵蚀模型无法比拟的，但 USLE 模型作为一个简单的经验模型，其应用领域仍有所限制。20 世纪 80 年代中期，美国对 USLE 进行改进，并于 1992 年 12 月正式发行 RUSLE 模型，之后该模型历经数次改进和完善。

RUSLE 模型是一套完整的软件，其运算能力和数据处理能力已非 USLE 可比。

首先，RUSLE 模型适用于不同的地区、不同的作物和耕作方式等，它所处理数据的规模，有了很大的提高；其次，RUSLE 改进了 USLE 中不合理的分析方法，弥补了原始数据的不足；最后，RUSLE 具有良好的适应性，可以用作模拟多种流域管理措施下的水土流失状况，甚至可以计算出在很小的措施变化时，土壤侵蚀速率所发生的变化。

（2）CREAMS 模型　CREAMS 模型属于集总参数物理模型，在 1980 年被推出，主要用于估算农田对地表径流和耕作层以下土壤水的污染量。该模型由三个功能模块组成，分别是水文模块、侵蚀或泥沙模块和化学污染物模块。水文模块可以估算日径流量和洪峰流量、渗透量、蒸发量和土壤饱和含水量。侵蚀模块用以计算不同场次降雨的土壤流失量，主要包括地表水流失量、沟道水流失量和泥沙沉积量。模型在计算泥沙沉积量和运移过程中，引用了与 USLE 模型相同的侵蚀性和可蚀性指标。在面源污染研究中，CREAMS 模型广泛应用于计算农田污染物的流失量。其中的水文模块也可以单独应用于暴雨过程中径流计算，如利用地上水流序列计算片蚀和细沟侵蚀，利用沟道水流序列计算沟蚀和沟口沉积等。CREAMS 模型考虑了不同覆盖条件下的水道，但由于模型的参数比较单一，而且没有考虑流域土壤、地形和土地利用状况的差异性，它只能做粗略的计算和预测预报。

（3）AGNPS 模型　AGNPS 模型于 20 世纪 80 年代被研制开发的农业面源计算机模拟模型，是一种基于场次的分散流域模型，主要用于估算流域的侵蚀速率、土壤流失量，以及从流域流失的营养量，包括氮、磷、有机碳的含量等。该模型中，侵蚀速率和侵蚀量的计算采用 USLE 模型的计算方法，径流计算主要采用 SCS 曲线法，化学营养元素的运移计算则与 CREAMS 模型中计算方法相同。该模型的最大优点是采用了分散参数模拟方法，在进行模拟时，把流域栅格化为多个小单元，对任一单元，所模拟过程的参数分布应该相同。模型中每个小单元应包含 21 类参数，有些参数可通过专业数据库查取，有些可利用模型提供的参数表获得。模拟结果可通过这个流域检验，也可在用户定义的地块中进行。

由于 AGNPS 模型是单事件模型，在应用中有许多局限性。20 世纪 90 年代初期，美国转向开发连续模拟模型——AnnAGNPS。AnnAGNPS 模型可以模拟产流、蒸发、土壤侵蚀、泥沙和养分的输移过程，其运用范围很广，准确性较高，适用性很强。国内外很多学者运用该模型模拟流域面源污染，并取得了一定的研究成果。

（4）ANSWERS 模型　ANSWERS 模型是基于场次的分散物理模型，主要用于模拟流域管理措施或 BMP 对径流和泥沙产生的影响。流域中农田营养元素的流失对水质的不利影响受到不断重视，一些研究人员把流域中氮、磷等营养元素的运移过程加入模型中，并对模型的源程序做了较大修改。许多研究都表明 ANSWERS 模型预测及模拟径流和营养物质的结果与实测值都能较好地吻合。

（5）WEPP 模型　WEPP 模型实际是用以替代 USLE 模型的新一代土壤侵蚀预测模型，从 1985 年开始研究，在 1989 年基本完成，后经过多次改进和完善，于 1995 年向外公布。WEPP 模型属于一种连续的物理模型，它可模拟的流域物理过程有日土壤水分平衡，不同植被条件下（农作物、林地和草地等）的日蒸发量，年作物产量，径流量，灌溉时的侵蚀量，林地侵蚀量，细沟和沟间侵蚀量。与传统的水文模型相比，WEPP 模型具有很多优点：①可模拟土壤侵蚀过程及流域的某些自然过程，如气候、入渗、植物蒸腾、土壤蒸发、土壤结构变化和泥沙沉积等；②可模拟非规则坡形的陡坡、土壤、耕作、作物及管理措施对侵蚀的影响等；③可模拟土壤侵蚀的时空变异规律；④预测泥沙在坡地以及流域中的运移状态。

WEPP模型中泥沙沉积的计算方法与CREAMS模型中的方法相同，入渗过程则采用Green-Ampt入渗公式计算，在进行模型运算时，需要输入不同类型的参数，其中包括气象、土壤、地形和土地利用情况等。

WEPP模型可模拟的项目很多，适用范围广，易于操作，对运行环境的要求也比较低，但对较大规模的沟蚀和流水沟道的侵蚀形式，该模型无法进行模拟。

（6）SWAT模型　SWAT模型是由美国农业部的农业研究中心开发的一个以日为步长的连续空间分布式水文模型，它是SWRRB模型的直接产物，融合了CREAM、GLEAM、EPIC模型的特征，在SWRRB模型的基础上结合ROTO模型的河道演算模块以及QUAL2E模型的内河动力模块得到。SWAT模型是为了预测流域管理措施对水质、泥沙和化学物质的作用而开发的一种分散连续性的物理模型，主要用于具有多种土壤类型、土地利用和管理条件的大面积复杂流域，包括水的运动、泥沙的运动、植物生长过程和营养物质的循环等物理过程。事实上，SWAT模型可以对流域内部的许多次一级流域进行模拟，可以模拟流域中一般的水文过程，水文计算方法基本与CREAMS模型相同。SWAT模型还具有一个气象资料生成模块，可对日降雨和温度等进行模拟。另外，SWAT模型增加了一个模块用以模拟侧向水流和地下径流，同时可以模拟水池、水库、河道以及沟道中的泥沙、化学物质损失量等。

四、面源污染模型的发展动态

1. GIS是一种非常有效的空间数据分析和统计工具，具有极强的空间信息处理能力。面源污染模型的研究对象正是流域生态系统中水土资源的时空变异规律，模型所需的参数以及基本数据的输入都可以在GIS环境下生成。

近几年，有许多GIS在环境和资源管理等领域得到了广泛的应用，与模型技术的结合也越来越紧密和普遍，其中在面源污染或流域模型中较常用的GIS有Maplnfo、ARC/INFO、EDRAS以及GRASS等。这些系统，有的只是作为模型的输入和输出的辅助工具，有的为模型提供一种操作平台，有的已经发展为模型必不可少的一部分。GIS在资源管理和模型技术方面的应用，一方面拓宽了GIS应用领域，另一方面强化了模型的功能。

GIS与水质模型的结合按紧密程度可以划分为三种。第一种是松散的结合方式，GIS和专业模型各自独立运行，由GIS对输入数据做预处理；第二种是部分结合的形式，GIS不仅处理输入数据，而且处理专业模型的输出结果；第三种是完全结合的形式，专业模型内嵌于 GIS 中。GIS 已经成为模型运行的一个平台，模型的部分或全部是由 GIS 语言编译而成的，同时 GIS 担负模型的部分计算功能，并且直接通过系统显示模拟结果。模型与 GIS 在结构上联结成为一个系统，这个系统具有较为完整的界面，用户可以同时对两个系统进行交互式操作，在系统的不同功能模块之间随意切换。

随着 GIS 的深入发展以及模型本身功能的加强，二者之间结合的层次会继续多样化。在 GIS 功能拓展的同时，可以实现模型功能的拓展，如与 RS 以及 GPS 的结合等。

2. BMP 主要是针对面源污染而提出的控制性措施的总称。面源污染模型应用于评价中的一项主要内容便是 BMP 评价，把 BMP 评价作为模型的一项功能，使得模型的参变量和开发难度增加，但同时使模型的模拟功能更为全面，模型运行结果的可信度增加。

3. 生态系统缓冲带作为一种相临系统，如农田和溪流间的过渡区域，伴随着水流的运动所产生的化学物质迁移，与传统的水文过程有一定的联系，但其具体特征很不相同，因此把这些面源污染模型应用于缓冲中的物理过程是否可行，还有待于进一步研究。

4. 湿地作为一个面源污染控制系统备受重视，湿地及其相临地域中的水文过程以及与之相关联的面源污染问题成为一项重要的研究课题，面源污染模型在湿地研究方面的应用具有广阔的前景。

第四节　肥料面源污染控制与管理

一、农业面源污染控制技术发展瓶颈

农业面源污染究其成因与农业生产过程中水肥资源利用率低、氮磷流失负荷高密切相关，因此所有能控制农业面源污染的手段和措施必须以有效提高水肥利用率为前提，但是目前我国农业面源污染控制技术仍然存在以下技术发展瓶颈。

（一）缺乏适合我国农村特色的施肥技术

目前，我国已成为世界上最大的化肥生产国和消费国。尽管耕地面积只占世界耕地面积总量的 7%，但我国的化肥施用量却接近世界施用总量的 33.3%，达

4600多万吨。我国的许多环境问题均与农民施肥不合理有关，而肥料利用率低下早已为科学界公认的问题。十多年来，研究人员为提高肥料利用率付出了巨大的努力，在施肥技术体系方面的研究并不亚于发达国家。但客观地说，促进作用并不大。在研究层面上，适合我国农村条件，特别是各地农民不同经营方式、施肥习惯的技术没有作为研究重点，许多技术没有考虑农民对技术的承受能力。我国农民的农田经营规模小、专业化水平低，一些在发达国家行之有效且早已推广的施肥技术，难以成为我国分散农户生产的常规技术。例如，土壤有效养分测试是合理施肥的重要基础，一个土样中的大、中、微量元素的分析费至少为200元，欧美国家家庭农场经营规模通常为数百至数千公顷，很容易采用这一技术。我国农村劳动力人均耕地平均仅0.28 hm^2。因此，在广大农村，农民基本不可能采用这一技术。

由上可见，目前生产上仍然缺乏适合小农户经济和生产技术条件下的简单、便宜、可有效减少集约化作物生产中环境污染的替代技术。因此，发展适合我国农村和农民现状，大幅度减少流域集约化农田的氮、磷化学肥料投入量的农田施肥技术刻不容缓。

（二）不合理的田间耕作管理模式

农田氮、磷的损失程度取决于当地的降雨情况、施肥状况、地形地貌特点、植被覆盖条件、土壤条件和人为管理措施等因素。农田氮、磷流失量与径流量以及降雨对地表的侵蚀能力呈正相关。降雨条件和施肥状况对农田氮肥的径流损失有很大的影响，施肥后立即降雨可加大农田氮素流失量。邬伦等人的研究表明，土壤氮、磷流失量受植被、地形条件影响。目前许多地区农民为了农田操作方便，习惯施肥后大水整田，整地后立即排水，这样会引起农田氮、磷养分的流失，既浪费肥料，又极不利于环境保护。尽管一些农业发达地区（太湖流域、巢湖流域、滇池流域等）已经开展面源污染研究，但目前对这类从生态角度考虑有较大缺陷的农作管理措施了解仍然不足，因此难以制定相关的规定进行改进。我们迫切需要构建以生态施肥和生态灌溉理念为指导依据的稻田水肥耦合管理模式。

（三）末端控制仍为目前面源污染治理工程的主体

长期以来，我国中央与地方政府在治污上投入了大量财力。虽然，以养分控制为主的农田面源污染源头控制已有多方面的尝试，但农田氮、磷流失后借助沟渠等阻截控制仍不成熟。近年来，国内外开展了大量农田排水氮、磷生物生态截留消纳处理技术研究。尹澄清等人在白洋淀的研究表明，沟长290 m、沟底宽

4.2 m 的植被沟对地表径流中氮、磷和 COD 的截流率分别达 42%、65%和 14%。卢少勇等人推荐农田废水生态沟渠长度以 15～60 m 为宜且沟渠清理时需保留部分植物（尤其是根）和淤泥。曲向荣等人的研究表明，污水流经 6000 m 长的沟渠后，氮、磷和 COD 在廊道系统中的自净率为 41.7%～64.71%。但是，这些天然排水沟渠存在降解效果低、实施过程中对沟渠基质的选择要求高、植物生长管理难、水生植物的大量生长导致排水不畅、冬季阻截效果下降、沟渠被枯萎植物堵塞、植株体腐烂易引起的二次污染等问题。为此，迫切需要构建集沟渠汛期排水与流失氮、磷截留功能于一体的生物生态强化拦截修复技术。只有源头控制与过程阻截双管齐下，才能有效控制农业面源污染。

二、农业面源污染防控主流思路

传统施肥技术往往脱离土壤肥力的测试和评价，缺乏计量施肥概念，大都凭经验施肥，特别是偏施氮肥现象普遍存在，氮用量超越了实际需要，而磷、钾使用比较随意，氮、磷、钾比例失调，不能平衡、协调地供应作物需要，达不到预期产量目标，污染环境状况普遍存在。传统的技术和方法通常无法快速获取和提供施肥所需的各种信息，也无法对施肥的复杂性进行系统的模拟和预测，施肥缺乏必要的技术支撑，因此需要引入新的技术和方法。把信息技术、传统施肥技术和专家经验知识结合起来，建立施肥信息管理和决策系统，在一定程度上能解决施肥的盲目性，增加施肥效果，减少对环境的污染。

为有效遏制农业肥料面源污染，在肥料管理层面，应强化行政法规和健全的质量检测制度；制定无公害农产品质量标准，规范管理；健全农产品质量检测体系，加强市场抽检；制定施肥管理（包括施肥品种与限量、农业废弃物无害化处理和排放、地力养护等）法律、法规，加强行政执法；实行肥料资源总量控制，地区间合理配置。在技术层面，应引入信息技术，开展面源污染监测、监控与预测，开展精准施肥研究；调整肥料结构，研究开发和应用新型肥料；研究化肥合理减量增效使用技术，重点推广测土诊断平衡施肥技术，提高肥料利用率；加强禽畜粪便无害化处理研究，开发无公害肥料及配套施肥技术；重视水土保持，重点发展生态农业和有机农业。

（一）掌握适宜氮用量，避免过量施肥

在一定量范围内，作物产量随施氮量增加而增大，但氮肥用量过高也会产生负效应。因此，必须正确掌握现有栽培条件下作物生产的适宜氮用量。20 世纪 80 年代末期，大量田间试验研究结果表明，市郊单季晚稻最适宜的化肥氮用量

为每亩 12～13 kg，再增加氮用量，产量的提高十分有限，每亩氮用量超过 15 kg 就可能导致减产。20 世纪 90 年代以来，随着水稻品种、栽培方式的变化，产量得到提高，郊区稻田平均亩施氮量不断上升，近几年达到 18 kg 以上。同期的田间试验研究表明，一般稻田适宜的氮用量应控制在每亩 15 kg 左右，再增加氮用量，肥料报酬率下降，甚至收不回增加的成本。

（二）增钾补磷，提倡增施有机肥，优化用肥结构

作物生长需要的各种养分是有一定比例的，任何一种养分的缺乏都会影响肥效的发挥。由于有机肥料（养分全面）的施用量减小，化肥又偏施氮肥，农田钾素投入严重不足。以稻麦两熟计，每年每亩投入的钾素约 10 kg（主要依靠秸秆还田），而稻麦收获后带走的钾素在 20 kg 左右。因此，土壤钾素入不敷出，导致供钾能力逐年下降，郊区缺钾土壤的面积不断扩大。近几年农田磷素投入也明显不足，以致许多地方土壤有效磷含量降低。现在粮食作物上施用钾肥、磷肥都有较明显的肥效，尤其是高产栽培，必须施用磷、钾养分。增钾补磷，协调养分供应，是促进作物对氮素吸收、提高氮肥利用率的一条重要措施。

进一步调整优化用肥结构，大力提倡增施商品有机肥，开发利用优质商品有机肥，重点推广配方肥、专用肥、复混肥等，鼓励生产、使用优质商品有机肥。加大政策扶持和发挥市场机制作用，增加商品有机肥推广和应用，稳步推进有机养分替代化学养分，使有机肥替代化肥成为常态。

（三）建立地力和肥效监测网点，确保科学施肥

作物吸收的养分来自土壤和肥料，土壤地力（养分供应）状况是施肥的主要依据。不同地区土壤类型不同，种植方式、耕作制度、施肥习惯不尽一致，农业生产水平也相差较大。受各种因素的影响，地力状况和施肥效果处在不断变化之中。建立地力和肥效监测网点，可以为科学施肥提供科学的依据。近几年来，由于财力、物力的限制，土壤养分测定与施肥效益监测未能广泛正常开展，少数试点由于样本数少，不能真实反映地力和肥效的实际情况。我们要建立基本农田保护区内耕地地力与施肥效益长期定位监测网点，为科学施肥打好扎实基础，使氮肥等各种肥料的使用更加科学合理，利用率得到真正的提高，也使环境污染得到减轻，农业生态状况得以改善，促进农业可持续发展。

（四）实施农田排水和地表径流净化工程

在水稻种植面积集中的区域开展农田排水和地表径流净化工程，利用现有的河沟、池塘等，配置水生植物群落、格栅和透水坝，建设生态沟渠、污水净化塘地表径流集蓄池等设施，以降低农田氮、磷的排放。

建设农田排水沟时要避免使用硬质防渗沟，利用田头不规则田块改造为相互连通的小型一级湿地，通过生态排水沟将稻田排水引入湿地；将田间洼地和部分断头河浜改造为二级湿地（同时可作为灌溉取水水源）。一级湿地尾水排入二级湿地中，两级湿地可种植菱角、藕等经济作物。种植的经济作物通过对稻田排水中氮、磷的吸收利用，不仅可以减少排入外界水体的氮、磷的量，还可以提高肥料的利用率。二级湿地经过净化的水源可通过灌溉渠再回灌入稻田，实现稻田水的循环利用，进一步提高水、肥、药的利用率。

目前，农业面源污染防控的主流思路是“源头控制”，主要可分为肥料调控与水分管理两个方面。肥料调控即通过推行合理施肥技术以降低施肥量，在保证高产的前提下减少养分流失风险，从而大大提高肥料利用效率。综上所述，随着我国农业日益趋向规模化、集约化，农业面源产生的氮、磷污染成为我国水环境恶化的主要因素。本章主要从不同角度（田间中观以及典型区域宏观）探讨了农田氮、磷的流失机理、界面过程及通量负荷；在流失机理上探明了不同施肥水平和生物因子对氮、磷转化及流失的影响；在田间尺度上考察了典型性农田耕作条件下氮、磷流失多维通量及其模型化表征能力；在流域尺度上揭示了代表性流域氮、磷流失负荷的空间分异特征及其与水体质量之间的响应关系；在阻控机制上提出了缓释肥抑制氮素转化、生态灌溉等农业面源污染控制技术。以上这些丰富了我国农业面源污染控制的基础理论，为相关技术的发展提供了支撑。

第九章　提高氮循环保护农业系统的具体举措

第一节　控制人口增长

我们为什么要把控制人口增长作为首选对策？这是因为未来全球人口的增长趋势十分严峻。

1992 年全世界人口约为 54 亿，1999 年 10 月 12 日全球人口达 60 亿。在农业革命之前，世界人口基本上是稳定的。在农业革命之后，人口缓慢增长一直延续到工业革命。这时，人口曲线开始陡然上升。

到 2050 年全世界人口将超过 90 亿（如图 9－1）。在有效控制人口过快增长的前提下，到 21 世纪末全球人口可望稳定在 100 亿。若不能有效控制，全球人口将达到 140 亿。

显而易见，为满足人口的增长对食物的需求，就必须增加农产品产量，比较有效的途径是加大投入。首先是增加化学氮肥的投入，其次是扩大耕地面积，但由此将带来森林、草原和自然湿地的面积的缩小。而森林、草原和自然湿地是消纳碳、氮、磷和硫循环产生的、危害环境的各种氧化物和氢化物（如 N_2O、N_2O_5、NO、NO_2、NH_3、CO、CO_2、SO_2、H_2S 等）的场所。

专家们根据到 2025 年全球人口增加量的估计，并按 1990 年的每人平均食物消耗量计算，全球需增加 26 亿吨食物，比 1990 年增加 57%。若要使全球人口都达到温饱，消除饥饿，则全球食物总需求量需达到 90 亿吨，比 1990 年的 45 亿吨翻一番。未来全球人口的增长，主要是在发展中国家。对如此庞大的人口增长，发展中国家的最好选择是自己养活自己。专家们预测发展中国家要达到食物自给自足、摆脱饥饿的目标，至 2025 年氮肥的用量必须是 1990 年氮肥用量的

2～3倍。这意味着，全球从大气输入陆地和海洋的活化氮的数量将成倍增长。在这种情况下，人为影响下的氮循环给地球生命和环境带来的负面影响是不难想象的。

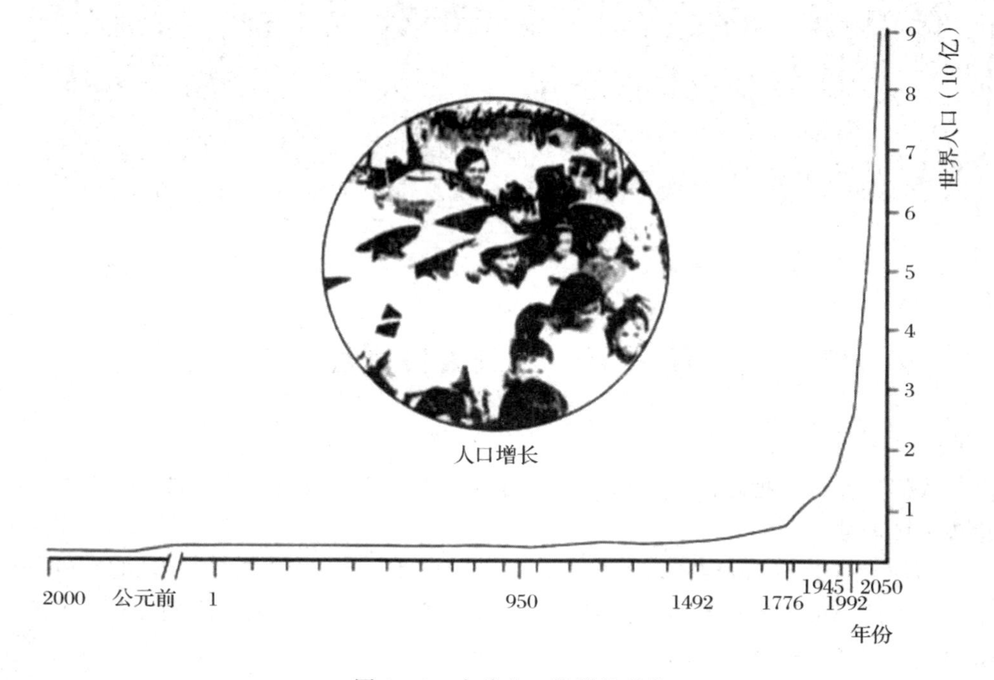

图 9－1　全球人口及增长趋势

另外，由于全球人口的快速、大量增长，动力、工业和交通运输的规模将成倍扩充，对能源物质的消耗将成倍增长，排放到大气中的含氮、含碳和含硫气体的数量也将以倍数增长。

由上可见，由于人口的继续增长，一方面使注入大气、陆地、海洋的有害物质的数量快速增加；另一方面使消纳这些有害物质的区域缩小，把控制全球人口的增长作为摆脱困惑的首选对策是顺理成章的。

第二节　保护森林，植树造林

森林是地球生物圈的组成部分，是整个陆地生态系统的支柱。有人把森林称为“地球之肺”。茂密的森林不仅能保持水土，防风固沙，而且能同化化石燃料燃烧产生的CO_2和在一定限度内消纳氮氧化物与氮氢化物，这对减缓温室效应，减少从陆地输入水体的无机氮的数量具有重要的作用。森林植被的破坏，必然会破坏整个生态系统中各个因子的平衡关系，致使自然生态系统失调。目前，世界上的森林以每年1800万公顷～2000万公顷的数量在减少。据联合国粮农组织统计，自1950年以来全球森林已损失了一半，而且失去的森林主要是热带雨林，(每年约失去1130万公顷热带雨林)。大规模砍伐雨林主要发生在中南美、中非和东南亚的发展中国家。据专家预测，全球森林急剧减少的趋势可能要延续到2020年，到那时，全球森林面积只有18亿公顷了，约占全球陆地面积的$\frac{1}{7}$。

全球森林，特别是热带雨林的滥砍滥伐，不仅会加剧水土流失，引发区域性的水、旱灾害，破坏生态平衡，而且将波及全球的碳循环和氮循环。热带雨林和其他地区森林的破坏首先是由于人口膨胀的压力，毁林开荒增加农地和牧场的需要；其次是作为薪柴；最后是出口木材换取外汇。砍伐森林，都需要焚烧森林、采伐迹地。由于全球森林的减少，不仅使全球固定CO_2和接纳大气干湿沉降中NO_x和NH_3的功能大大缩小，而且森林采伐迹地的焚烧还要向大气排放数量巨大的CO_2和NO_x，直接加剧温室效应以及酸雨、水体富营养化等全球性环境问题。保护森林是全球性的要求，超越国家和地区界限。保护森林、植树造林将有助于恢复全球碳、氮的良性循环，保护人类生存环境。

第三节　管好、用好常规能源，开发利用新能源

能源是社会生产和发展的物质基础，就像人要吃饭一样，饭和菜供给人类生命活动以能量。能源是社会物质生产的动力，只有供给动力，机器才能运转，火车、汽车、轮船和飞机才能开动。没有能源，社会生产就要停止，科学技术和社会就不能进步。

前面已经说过，一些重大的全球环境问题（如温室效应和酸雨等）都与化石燃料燃烧向大气排放的过量的CO_2、N_2O、NO_x和SO_2有关。因此，减轻或消除温室效应和酸雨的影响及危害的办法之一是从能源方面“做点文章”。

随着科学技术的进步，人类可以利用的能源在不断发展。一般把大自然赋予人类的能源分为常规能源和新能源两大类。技术上比较成熟、使用较普遍的能源叫作常规能源，如煤炭、石油和天然气等；最近才开始利用或正在研究开发的能

源叫作新能源，如核能、太阳能、地热能、风能、潮汐能、氢能和激光能等。在一些国家虽然已建立了一些太阳能、风能和地热电站，但仍处于试验和开发阶段。管好、用好现有的常规能源，即化石燃料提供的能源，乃是当务之急。

所谓管好常规能源，就是要对煤、石油和天然气，特别是煤燃烧过程中产生的 CO_2、SO_2 和 NO_x 的排放进行处理和控制。自 1972 年 6 月在斯德哥尔摩召开的“联合国人类环境会议”和 1992 年 6 月由联合国主持在巴西召开的世界各国国家元首或政府首脑出席的“联合国环境与发展会议”，都明确提出了限制 CO_2、SO_2 和 NO_x 排放的要求。在此期间，世界各国从本国能源消耗及存在的问题出发，颁布了限制能源生产和使用中废气排放的法令。自 20 世纪 80 年代以来，一些发达国家在减少 CO_2、SO_2 和 NO_x 的排放方面取得了一定的成效。一些发展中国家也开始重视减少本国 CO_2、SO_2 和 NO_x 的排放。

所谓用好常规能源，是指提高化石燃料的热效率和在工业生产中降低能源消耗，提高产出率。提高常规能源的热效率和减少消耗可相对减少煤、石油和天然气的用量，从而减少 CO_2、SO_2 和 NO_x 等有害气体的排放量。

常规能源的热效率低，工业生产中能耗大的问题在发展中国家更为突出。这是因为能源热效率低和工业生产中能耗大是由发展中国家的生产技术和设备陈旧造成的。

在 21 世纪中，新能源利用与开发存在美好的前景，核能开发利用虽然还存在一些问题，但发展核能的方向已经确定。核能的生产主要有两种途径，一是利用核裂变，就是利用重原子核（铀、钍、钚等元素的原子核）的分裂反应。二是利用核聚变，就是利用氢原子核（氢的同位素氘、氚的原子核）的聚变反应。目前核能的开发是利用核裂变原理建立的核裂变反应堆生产电能的核电站。全球至 1992 年已建立了 414 个核电站，发电总量已占全球总发电量的 20%，至 2000 年，核能发电总量约占全球总发电量的 30%～35%。只要不发生核泄漏事故和核废料能有效处理，核能对环境来说，可称为清洁能源。由于核电站的建成，核能利用已成为现实。太阳能电池已广泛应用于宇宙探测、航空运输、气象测量、海洋利用、通信设施、陆路交通和日常生活等方面。但是，太阳能电站、地热发电站和风能电站目前还处于实验或小规模的试用阶段。太阳能、地热能和风能虽然是最干净的能源，但它们开发利用受到季节性和地区性的限制。在新能源的家族中氢能源可能有更好的前景，氢就是自然界存在的氢元素，一个水分子（H_2O）就是由两个氢原子和一个氧原子构成的。氢能源的利用要解决两个关键问题，一是氢的制取，即如何把氢从其化合物中分离出来。要分离出氢就要消耗其他类型的能量；二是氢的储存。氢能源热值高，无污染，应用面广，既可用作汽车、飞机的燃料，也可发电。氢能源还能进入家庭作为生活能源。

根据核裂变原理建立起来的核反应堆电站虽已成功应用，而且核发电过程中不直接产生污染物，但所用的核燃料也是不可再生的能源，地球上这类核燃料的储量总有一天要被耗尽。

因此，科学家们把氢能源和可控核聚变产生的能源视为 21 世纪最有前景的新能源。能够产生核聚变的元素氢的主要同位素氘和氚，它们蕴藏于海水中，比较容易提取，对环境损害不大。

风能有很大的潜力。据估计，太阳辐射到地球上的热量约有 20%被转换为风能，相当于 10800 亿吨标准煤的能量，相当于当今世界一年所消耗能量的 100 倍。风能是一种很早就被人们利用的自然能源。早在 14 世纪，我国就有利用风力提水灌溉农田的记载。荷兰人在 16 世纪就用风力驱动的风车来排除积水和灌溉农田。很早以前，我国就将风能用于水面航运事业。扬起白帆，穿梭如云地来往于江河湖海的渔船和运输船就是利用风能，而不是现在的柴油机。当然，将来的风能用于航运，将不再是风帆，而是小型化了的风力发电设备。1984 年美国就已在加州设立了可为 4 万户居民提供足够电力的风能电站（图 9－2）。在我国新疆也建立了试验性风力发电站。

图 9－2 风能电站

水能是一种很早以前就被人们利用的自然资源。我国在很早以前就利用水位差来驱动木制和石制机具进行农产品加工，如磨豆腐、舂米等。在我国水资源丰富的南方山区仍然可以见到这种利用水能作为动力进行农产品加工的机具和运作的场面。

修建水坝进行水力发电是现代水能利用的范例。在我国和世界其他水资源丰富的地区，不仅建造了许多中小型水力发电站，还修建了许多大型水力发电站，如我国早已投入营运的黄河和长江中上游地区的大中型水电站，以及21世纪初建成的三峡水电站等都是大规模利用水能的例证。

地热能是一种可开发利用的、潜力巨大的自然能，地球内部蕴藏着巨大的热能，从地表向内部深入，温度逐渐上升，地壳底部的温度约为1100～1300 ℃，地核处的温度约为4100～6600 ℃。从目前来看，地球上新能源的开发利用，虽然还有许多问题有待突破，但是一场新的能源革命终将到来。因为到21世纪末，全球人口将增至100亿～140亿，而目前以煤、石油、天然气等化石燃料为主的能源物质是不可再生的。地球上埋藏的化石燃料按照增长的人口对能源的需要来计算，不需多久就会枯竭。因此，不论从保护环境角度，或从化石能源物质在地球的储量不能满足未来人类社会生产的需要出发，都需要有新能源来替代。

第四节　减少农田氮素损失，提高氮肥利用率及其增产效果

我们已分别讨论了控制人口、保护森林和开发新能源对减缓温室效应、酸雨和水体富营养化等全球重大环境问题的意义和作用。既然向大气排放的N_2O、NH_3和向水体迁移的硝态氮主要来自农田氮肥的施用，这就很有必要从化学氮肥的施用和管理方面来考虑如何减缓它们对环境的影响。

农田生态系统中氮素损失的途径有氨气挥发、反硝化作用、硝酸盐淋溶、径流和侧向渗漏等。但是最主要的损失途径是反硝化作用、氨气挥发和硝酸盐淋溶。不论水田和旱地都存在反硝化作用和氨气挥发损失。2005年我国化学氮肥的消耗量为2620万吨，按常规的估算方法，通过反硝化作用和氨气挥发约损失了1074万吨氮，相当于2335万吨尿素，按每吨尿素1800元计算，相当于每年损失420亿元人民币。这不仅是一个巨大的经济损失，而且污染环境。因此，不论从农业或环境角度考虑，都应设法减少氮素损失，提高化肥氮的利用率及其增产效果。

一、科学施肥

“科学施肥”是许多人都知道的术语，也是主管领导部门指导农业生产的一个方针。所有肥料的施用都应该遵照科学原理和方法进行。不同的肥料，科学施用的技术是不同的，对如何科学施用氮肥，下面五个方面是重要的。

（一）氮肥的适宜用量

要做到科学施肥或合理施肥，要根据不同地区、不同气候和不同作物确定氮肥的适宜施用量。氮肥用量并不是越多越好，随着氮肥用量的增加，单位施氮量的增产量降低。对一个地区、某一种特定的作物来说，确定氮肥的适宜用量不仅是必需的而且是能够做到的。目前，已提出了一些推荐适宜施氮量的方法，现在简要地介绍两种方法。

1. 供需平衡法　在本法中，要求确定以下几个参数：可能达到的产量或产量目标；单位产量的作物吸氮量；有机肥料的含氮量和氮素利用率；化学氮肥利用率和土壤供氮量。关于目标产量，通常是根据经验确定的，也可根据实验来确定。在应用本法时，其他参数都可从基本数据得到，最困难的一点是预测土壤的供氮量。

2. 平均适宜施氮量法　对同一地区的某一作物来说，由于耕作施肥制度基本一致，可以通过田间的氮肥施用量的试验网，在得到了各个田块的适宜施氮量的基础上，计算一个平均值，作为该条件下大面积生产中推荐该作物的施氮量。在太湖地区的水稻和小麦田间试验中，在不改变全部供试田块的总施氮量的情况下，在各块田上皆按平均适宜施氮量施用氮肥时，除个别田块外，各田块的产量均与按各自在适宜施氮量施用时的可得产量相近。而且，前者的各田块得到的产量总和，只比后者的产量总和约低1%。这一方法的优点是简便易行，不误农时。适用于当前农村缺乏测试条件的情况。

（二）把握氮肥的适宜施用时期

分次施用氮肥，是提高氮肥利用率的主要途径之一。当然，施用的次数并不是越多越好。在生长旺盛时期追施时，由于根系已较发达，加之作物已较繁茂且有利于抑制氨气挥发，氮肥的损失比生长早期施用量低得多，氮肥利用率则高得多。由于此时是作物氮素营养的临界期，追施氮肥的增产效果也比较高。若施肥时期过迟，则作物对氮素的吸收很少，氮素的损失会增加，利用率会降低。因此，氮肥应重点施于作物生长的中期，如禾谷类的拔节、穗分化期。但并不能由此得出作物生长早期不能施肥的结论，这要视作物的生长和土壤的供氮情况而定。若作物生长早期明显缺氮，则仍然需要施用氮肥。

（三）氮肥深施

一般是把化学氮肥通过造粒机加工成颗粒状，通过施肥机械施入土中。铵态氮肥和尿素深施，在旱地主要是减少氨气挥发，而在水田则可降低硝化作用-反硝化作用损失。至于适宜的施用深度，既要考虑尽量减少氮素损失，又要及时供给作物吸收利用且要省工省时。因此，在大面积生产中，只应采用适当的施用深度。氮肥深施还要考虑土壤性质，在渗漏性强的土壤上，因尿素粒肥深施有增大淋溶的可能而不宜采用。粒肥深施，其氮素利用率很高，故如果按粉肥在习惯施用方法下的适宜施氮量施用，那么必然因氮素营养过高，影响增产效果。

（四）水肥的综合管理

水肥的综合管理技术，是提高氮肥利用率和增产效果的又一途径。稻田表面水层中铵态氮肥的浓度越高，NH_3 挥发损失量越大，故应尽可能使施用的铵态氮肥进入土层，被土壤吸收。做水稻基肥施用时，可采用无水层混施或上水前耕翻时条施于犁沟；在做追肥施用时，可以在田面落干、耕层土壤呈水分不饱和状态下表施氮肥后随即灌水。在用尿素做水稻追肥时，可以采用“以水带氮”的方法，即耕层土壤呈水分不饱和状态时表施，随后灌水，将氮肥带入耕层土壤中。

旱涝是影响旱作物根系吸收能力和生长的重要限制因子。消除旱涝是提高氮肥增产效果的基础，如果土壤很干旱，作物达到凋萎点附近，那么氮肥几乎不被作物吸收。

在旱作上撒施尿素后随即灌水，可以将尿素带入耕层土壤中，从而达到部分深施的目的。这与上述在水稻上采用的“以水带氮”的技术，在原理上是相同的。不同品种的氮肥，由于其随水移动难易的不同，虽同样采用表施后随即灌水的方法，其效果也将不同。在相同的灌水条件下，铵态氮肥因易被土壤吸持，其下移深度较浅，大部分仍集中在上层土壤中，与尿素有显著的不同。因此，对铵态氮肥来说，同样采用表施后随即灌水的方法，其效果不及尿素。但是，这样做仍可将部分氮肥淋至土表以下数厘米处，有助于减少氨气挥发。

（五）平衡施肥

所谓平衡施肥，是指在施用氮肥时，要考虑植物可利用的土壤磷和钾的供应状况，以及作物对磷肥和钾肥的反应。氮肥虽然是作物增产的要素，但只有在土壤磷、钾供应可以满足作物需要的情况下，才能发挥其增产效果。往往有这样的情况出现，在一定的氮肥施用水平下，土壤并不表现出磷、钾的缺乏，氮肥可以发挥其正常的增产效果；但当氮肥施用量增加时就会引起磷、钾或磷和钾同时相对缺乏。在这种情况下，再增加氮肥用量，除了增加氮素损失外，都不能发挥增施氮肥的增产效果了，只有施磷肥、钾肥或同时施用磷肥和钾肥，方可增加氮肥的增产效果。

在缺磷的土壤上，氮、磷配合施用，在缺钾或磷、钾都缺的土壤上氮、钾或氮、磷、钾配合施用，可以显著提高氮肥利用率和籽粒生产效率，并在增产上表现出一定的正交互作用。对尿素来说，它与过磷酸钙混合施用时，由于其水解速率降低，也可降低氨气挥发损失。

二、抑制剂的开发和利用

土壤中氮素的转化过程除氨气挥发外都是由微生物进行的生物化学过程。每一个转化过程都由一种特殊的酶来控制。因此，科学家们设法筛选出了能延缓或阻止尿素水解和硝化作用的许多种化学抑制剂，来延缓尿素肥料转化为铵的速度，抑制铵态氮肥或从有机肥料和土壤有机氮矿化出来的铵态氮的硝化作用过程，以减少氮的损失。科学家们也已开发了适用于水田的抑制氨气挥发的表面分子膜。下面分别介绍一下它们的使用效果及存在的问题。

（一）硝化作用抑制剂

硝化作用抑制剂，顾名思义就是抑制微生物把铵态氮转化为硝态氮的化学制剂。若使土壤中氮以铵的形态存在，则有利于保存作物对氮的需求。若以硝态氮形态存在，则它易于随水淋溶和进行反硝化作用形成气态损失。土壤中硝酸盐浓度低了，反硝化作用的基质少了，反硝化作用的强度就会相对减弱。对微生物引起的硝化作用过程具有抑制作用的化学制剂有很多，比较常见的有2－氯－6－三氯甲基吡啶又称氮吡啶（CP）、2－氨基－4－氯－9－甲基吡啶（AM）、硫脲（AU）、脒基硫脲（ASU）和双氰胺（DCD）等。以上括号中的英文字母都是缩写代号。其中，氮吡啶和脒基硫脲经过鉴定，在我国已列为试验推广品种，双氰胺在我国也已推广使用。乙炔有很强的抑制硝化作用，但由于它是一种气体很难进入土壤中，很难在实际中使用。但是，科学家们已想到了一种很巧妙的办法，将一种叫蜡包碳化钙（碳化钙的商业名称叫电气石）的化学物质放到土壤中去，它在土壤中遇水分解产生乙炔，由此成为一种缓慢释放的乙炔源。

国内将DCD加入碳酸氢铵中制成了长效碳铵。在大量的田间试验中，这种氮肥表现出一定的增产效果。

虽然在实验室培育试验中，硝化作用抑制剂能在一段时间内抑制或削弱铵的硝化作用，并减少氮肥的损失，但是在田间试验中，硝化作用抑制剂大多未能明显地降低氮肥的损失。在作物生长条件下，硝化作用抑制剂未能明显地降低铵态氮肥或尿素损失的原因比较多。例如，抑制剂本身的分解和挥发，土壤对抑制剂的吸附和抑制剂在土壤中的移动与铵态氮是否同步，以及土壤和环境条件是否有利于反硝化作用、淋溶或氨气挥发等。因此，需要进一步开发新的硝化作用抑制剂，并明确其有效应用条件。

在田间条件下，硝化作用抑制剂虽然对减少氮肥总损失、提高作物产量未见明显效果，但是硝化作用抑制剂对 N_2O 的形成有明显的抑制效果，这也是很有意义的。

（二）脲酶抑制剂

尿素是一种高浓度的氮肥品种，它是目前世界上使用量最大的氮肥品种。我国目前尿素的生产量已占氮肥总消耗量的65%左右，而且还要增加。尿素进入土壤，通过脲酶的作用被水解，转化成铵态氮，可用下列化学反应式来表示：

$$CO(NH_2)_2 + H_2O \xrightarrow{\text{脲酶}} (\underset{\text{氨基甲酸}}{NH_2COOH} + NH_3 \rightleftharpoons \underset{\text{氨基甲酸铵}}{NH_4COONH_2}) \xrightarrow{H_2O}$$

$(NH_4)_2CO_3 \longrightarrow H_2CO_3 + 2NH_3$。尿素水解过程可使局部土壤 pH 和 NH_3 的浓度升高，易产生氨气挥发，在表施或浅施的情况下，尤为严重。科学家们提出了加入脲酶抑制剂，以延缓尿素水解速率的设想。

已经开发的脲酶抑制剂种类也很多，如苯磷酸二酰胺、正丁基硫代磷酰三胺和环己基磷酰三胺等。它们抑制尿素水解的实际效果受到许多因素的影响。在田间试验中其增产效果一般为5%～10%。此外，国内研制出的涂层尿素，在田间试验中也表现出一定的增产效果。涂层尿素的部分应用机制是该涂料延缓了尿素的水解。

（三）表面膜的使用

科学家们已把用于控制水分蒸发的表面膜技术移植到减少水田氨气挥发中，并取得了成效。这种表面膜一般是用鲸蜡醇或十八烷醇做主体材料，加上一种乳化剂一起加入稻田田面水的表面，覆盖上一层分子薄膜。试验证明，它能显著减少稻田的氨气挥发，增加稻谷的产量。

（四）缓释氮肥的开发与使用

所有化学氮肥，不论是碳酸氢铵、硫酸铵、硝酸铵或磷铵复合物都是速效性的，尿素进入土壤后也很快转化为铵态氮，也是速效性的。从施肥的目的出发，总希望加到土壤中的氮肥能源源不断地为农作物提供需要，并且损失量越小越好。这就要求做到土壤中的氮的浓度只要能满足农作物的需要就行。尽可能避免土壤中存在过量的铵态氮和硝态氮。因为它们的浓度过高，氨气挥发和硝化作用-反硝化作用损失量就越高。因此，科学家们就提出了制造缓释氮肥的想法。目前研制的缓释肥料，主要是一种包膜肥料，通过一定的工艺流程，在现有的主要氮肥品种尿素和碳酸氢铵的外面包上一层半透性的薄膜，由于包了一层膜，它进入土壤后不是全部立刻溶解，而是缓缓释放出氮素供作物吸收利用。与常规氮肥相比，能使土壤或田面水中的可溶性氮的浓度保持在一定水平，从而减少氨气挥发和硝化作用-反硝化作用损失。常见的包膜氮肥有钙、镁、磷肥包膜碳酸氢铵和用硫黄做包膜的硫衣尿素。但硫衣尿素成本高，在大田中广泛应用目前还存在一定难度。

另外，缓释肥料除了要达到减少氮素损失的目的外，还要满足作物不同生育期对氮素营养的需求，并且不影响作物生长，不影响产量。现在有的单位已根据不同作物品种的生育期、当地的作物生长季的温度等环境因素，研制了供作物生长季使用的缓释氮肥。缓释氮肥除了能缓慢释放有效性氮肥外，还能减少施肥作业，节省劳力。缓释肥料都是作为基肥一次施用，而普通氮肥至少分基肥和 1 或 2 次追肥分次施用。可以想象，随着科学技术的进步，研制出理想的缓释氮肥的前景是光明的。

参考文献

[1]黄元仿,李韵珠.不同灌水条件下土壤氮素淋溶渗漏的研究.现代土壤科学研究[C].北京:中国农业科学技术出版社,1994.

[2]DRIESSEN P M,KONIJN N T.土地利用系统分析[M].宇振荣,译.北京:中国农业出版社,1997.

[3]朱兆良,文启孝.中国土壤氮素[M].南京:江苏科学技术出版社,1992.

[4]黄仲青,程剑,张华建.水稻高产高效理论与新技术[M].北京:中国农业出版社,1995.

[5]曹巧红,龚元石.应用 Hydrus—1D 模型模拟分析冬小麦农田水分氮素运移特征[J].植物营养与肥料学报,2003,9(2):139—145.

[6]冯绍元,黄冠华.试论水环境中的氮污染行为[J].灌溉排水,1997,16(2):34—36.

[7]高如泰,陈焕伟,李保国,等.黄淮海平原冬小麦生长期土壤水氮利用效率模拟分析[J].中国农业科学,2006,39(3):552—562.

[8]高如泰,陈焕伟,李保国,等.夏玉米生长期黄淮海平原土壤水氮利用效率模拟分析[J].农业工程学报,2006,22(6):33—38.

[9]巨晓棠,刘学军,张福锁.冬小麦/夏玉米轮作体系中土壤氮素矿化及预测[J].应用生态学报,2003,14(12):2241—2245.

[10]李晓欣,胡春胜,程一松.不同施肥处理对作物产量及土壤中硝态氮累积的影响[J].干旱地区农业研究,2003,21(3):8—12.

[11]刘培斌,丁跃元,张瑜芳.田间一维饱和—非饱和土壤中氮素运移与转化的动力学模式研究[J].土壤学报,2000,37(4):490—498.

[12]吕殿青,同延安,孙本华,等.氮肥施用对环境污染影响的研究[J].植物营

养与肥料学报,1998,4(1):8—15.

[13]沈荣开,王康,张瑜芳,等.水肥耦合条件下作物产量、水分利用和根系吸氮的试验研究[J].农业工程学报,2001,17(5):35—38.

[14]王平,陈新平,田长彦,等.不同水氮管理对棉花产量、品质及养分平衡的影响[J].中国农业科学,2005,38(4):761—769.

[15]许迪.典型经验根系吸水函数的田间模拟检验及评价[J].农业工程学报,1997,13(9):37—42.

[16]姚凤梅,许吟隆,冯强,等.CERES-Rice模型在中国主要水稻生态区的模拟及其检验[J].作物学报,2005,31(5):545—550.

[17]朱济成.关于地下水硝酸盐污染原因的探讨[J].北京地质,1995,2:20—26.

[18]朱兆良.农田中氮肥的损失与对策[J].土壤与环境,2000,9(1):1—6.

[19]庄舜尧,孙秀延.肥料氮在蔬菜地中的去向及平衡[J].土壤,1997,29(2):80—83.

[20]艾应伟,陈实,张先婉,等.N肥深施深度对小麦吸收利用N的影响[J].土壤学报,1997,34(2):146—151.

[21]艾应伟,陈实,张先婉.紫色土表层与聚土分层施氮的肥效比较[J].土壤,1996,28(4):208—209.

[22]艾应伟,陈实,张先婉,等.垄作不同土层施肥对小麦生长及氮肥肥效的影响[J].植物营养与肥料学报,1997,3(3):255—261.

[23]边秀举,王继芝.近年来国内外麦田肥料氮去向研究进展[J].河北农业大学学报(增刊),1994,17:100—106.

[24]边秀举,王维进,杨福存,等.冀北高原草甸栗钙土春小麦中化肥氮去向的研究[J].土壤学报,1997,34(1):60—66.

[25]蔡典雄,王小彬,高绪科.关于持续性保持耕作体系的探讨[J].土壤学进展,1993,21(1):1—81.

[26]陈兰祥,夏淑芬,许松林.小麦-玉米轮作覆盖稻草对土壤肥力及产量的影响[J].土壤,1996,28(3):156—159.

[27]陈励励,文启孝,李洪.稻草还田对土壤氮素和水稻产量的影响[J].土壤,1992,24(5):234—238.

[28]陈实,李同阳,张先婉.聚土免耕垄沟立体种植生态工程的能流物流分析

初报[J].土壤通报,1989,20(6):241—244.

[29]陈涛,王广胜,闫建英.机械化秸秆粉碎直接还田技术及其效益[J].干旱地区农业研究,1996,14(1):49—54.

[30]崔国贤,沈其荣,崔国清,等.水稻旱作及对旱作环境的适应性研究进展[J].作物研究,2001,3:70—76.

[31]邓纯宝.日本地膜覆盖栽培的现状与动向[J].辽宁农业科学,1982,3:50—51.

[32]董合林,刘美荣.垄作与地膜覆盖对麦套春棉产量和霜前花率的影响[J].中国棉花,1997,24(3):19—20.

[33]范晓荣,沈其荣,崔国贤,等.旱作水稻内源激素变化及其与水稻形态和生理特性的关系[J].土壤学报,2002,39(2):206—213.

[34]费槐林,王德仁,应继锋.稻田引种旱作物及其复种轮作的研究[J].中国水稻科学,1989,3(1):1—10.

[35]傅庆林.不同复种制农田生态功能及其对土壤肥力的影响[J].生态学杂志,1991,10(3):1—4.

[36]高明,张磊,魏朝富,等.稻田长期垄作免耕对水稻产量及土壤肥力的影响研究[J].植物营养与肥料学报,2004,10(4):343.

[37]高秀兰,于天林,杨连华.水稻旱作施肥技术研究[J].辽宁农业科学,1994,3:24—27.

[38]高亚军,黄东迈,朱培立,等.稻麦轮作条件下长期不同土壤管理对氮能力的影响[J].植物营养与肥料学报,2000,6(3):243—250.

[39]胡芬.麦田秸秆覆盖的节水增产效应[J].中国农业气象,1992,6:35—38.

[40]胡孝承,邓波儿,刘同仇,等。武汉市菜园土硝酸盐的持留和运移[J].土壤通报,1993,24(3):118—120.

[41]黄东迈,朱培立,高家骅.有机、无机态肥料氮在水田和旱地的残留效应[J].中国科学(B辑　化学　生物学　农学　医学　地学),1982(10):907—912.

[42]黄文江,王纪华,赵春江,等.旱作水稻幼穗发育期若干生理特性及节水机理研究[J].作物学报,2002,28(3):411—416.

[43]黄细喜.土壤紧实度及层次对小麦生长的影响[J].土壤学报,1988,25(1):60—65.

[44]黄义德,魏凤珍,李金才.浅谈水稻覆膜旱作技术和间作技术[J].耕作与栽

培,1998,3:16—18.

[45]黄义德,张自立,魏凤珍,等.水稻覆膜旱作的生态生理效应[J].应用生态学报,1999,10(3):305—308.

[46]江长胜,魏朝富,杨剑虹.旱地土壤氨气挥发损失及其影响因素研究[J].土壤农化通报,1998,13(4):121—127.

[47]江婉德,陈俊.四川耕地紫色土肥力定位研究[J].土壤农化通报,1996,11(2):19—27.

[48]江永红,宇振荣,马永良.秸秆还田对农田生态系统及作物生长的影响[J].土壤通报,2001,32(5):209—213.

[49]姜翠玲,夏自强,刘凌,等.奎河污灌区的氮、磷污染[J].环境科学,1997,18(3):23—25.

致　谢

本书的顺利出版，首先要感谢河北优盛文化传播有限公司和东北师范大学出版社，是在他们一步一步的指导和修改下完成的，没有他们的帮助和支持，就没有本书的顺利出版和发行。本书的顺利出版，离不开玉林师范学院的全体校领导、科研处、农学院的支持和帮助，谢谢你们，给我们提供充足的时间和精力来完成本书。

本书的出版，获得国家自然科学基金（编号：31760153）西南喀斯特山地森林土壤甲烷与氧化亚氮通量对氮沉降的响应、广西高校农业硕士点培育项目、广西高校特色专业建设专项经费、玉林师范学院重点学科建设经费等的资助，在此表示感谢！

在撰写和修改方面，为本书顺利出版做出重要贡献的还有黄维博士、刘召亮博士、朱宇林博士、张玉博士、刘强博士、牛俊奇博士、任振新博士、吕其壮博士等，在此一并致谢！